E9
卓越大学出版联盟
学术出版精品工程

北京理工大学出版社
BEIJING INSTITUTE OF TECHNOLOGY PRESS

重庆大学出版社
CHONGQING UNIVERSITY PRESS

大连理工大学出版社
DALIAN UNIVERSITY OF TECHNOLOGY PRESS

东南大学出版社
SOUTHEAST UNIVERSITY PRESS

哈尔滨工业大学出版社
HARBIN INSTITUTE OF TECHNOLOGY PRESS

华南理工大学出版社
SOUTH CHINA UNIVERSITY OF TECHNOLOGY PRESS

天津大学出版社
TIANJIN UNIVERSITY PRESS

同济大学出版社
TONGJI UNIVERSITY PRESS

西北工业大学出版社
NORTHWESTERN POLYTECHNICAL UNIVERSITY PRESS

U0202372

SHANBEI JINDAI JIANZHU YANJIU

# 陕北近代建筑研究

王　莉　于长飞　著

西北工业大学出版社

【内容简介】 本书从文化地理与建筑史相结合的角度对陕北地区的近代建筑进行细致全面的梳理,视野广阔,史料翔实,论说细密,对陕北近代建筑的发展历程、空间分布、建筑特征及演变动因进行全面的分析和总结。这一研究阐明了陕北地区相对区别于其他地区特殊的革命根据地的近代化过程,为中国区域战时近代建筑史的研究提供了思路。

本书可供从事建筑历史、城市规划、历史文化遗产保护研究、设计的人员和管理人员以及相关专业师生参考。

**图书在版编目 (CIP) 数据**

陕北近代建筑研究/王莉,于长飞著 .—西安:西北工业大学出版社,2015.9
ISBN 978 - 7 - 5612 - 4623 - 8

Ⅰ.①陕… Ⅱ.①王…②于… Ⅲ.①建筑史—研究—陕北地区—近代
Ⅳ.①TU - 092.5

中国版本图书馆 CIP 数据核字 (2015)第 223698 号

出版发行:西北工业大学出版社
通信地址:西安市友谊西路 127 号    邮编:710072
电    话:(029)88493844    88491757
网    址:www.nwpup.com
印 刷 者:陕西宝石兰印务有限责任公司
开    本:787 mm×1 092 mm    1/16
印    张:8.875
字    数:209 千字
版    次:2015 年 10 月第 1 版    2015 年 10 月第 1 次印刷
定    价:30.00 元

# 前　言

　　梁思成先生在其著作中,对于清末时期中国建筑的情形写道:"最后至清末,因与欧美接触频繁,醒于新异,标准摇动,以西洋建筑之式样渗入都市,一时呈现不知所从之混乱状态,于是民居市廛中,旧建筑之势力日弱。"(梁思成.梁思成文集:第三册.北京:中国建筑工业出版社,1982)近代跨越百年历史沧桑,是中国由封建社会向现代社会过渡的转型时期,近代建筑作为近代文化的物质载体,受近代社会多元文化的影响,是中国建筑文化遗产的重要内容,是中国城市历史风貌的有机组成部分。

　　近代建筑在中国的发展表现出不均衡的态势:沿海、沿江、沿边等开埠城市的近代建筑历史较早,近代建筑数量多、类型全,建筑艺术、技术、制度发展充分;而众多内陆城市近代建筑发生晚,近代建筑数量和类型较少,建筑艺术、技术、制度发展不够充分。与此对应的,对沿海开埠城市近代建筑的相关研究书籍也较多、较深入,而对内陆地区近代建筑的研究却较少。笔者的父亲1963—1968年曾在延安大学医疗系读本科,幼时从父亲对大学生活的回忆点滴中,受着潜移默化的影响,向往和热爱着陕北这片淳朴厚重的黄土地。

　　陕北地处黄土高原,北与内蒙古毗连,东隔黄河与山西相望,西与甘肃、宁夏接壤,南与关中相邻,相对封闭的自然地理使其保留了厚重的地域乡土文化基质,兼有军事战略门户区位使其具有多元文化的包容性。近代时期的陕北地区,肇始于政治战争因素,地域文化与近代传入的西方基督教文化相互冲突融合,后受战时根据地影响,在特殊的自然地理、历史文化及社会经济影响下,形成并演变成为陕北黄土高原地区的近代建筑。

　　近年国家实施西部开发战略后,西部地区处于快速城镇化的进程中,历史建筑在减少,城市面貌在改变。陕北地区属于生态极度脆弱地区,在建设中需要探索从"高增长、高消耗"走向"文化生态经济"的道路,将历史文化遗产资源发展作为地缘优势及文化生态相协调,进一步挖掘和保护陕北地区建筑文化资源的独特性。这是陕北地区城乡可持续建设的需要,也是我国近代建筑研究及保护进程中需要进一步拓展和深化的重要内容。

　　鉴于以上原因,笔者从2003年开始对陕北地区教堂建筑进行研究,2008年至今深入进行陕北近代建筑研究。此项研究得到了西北农林科技大学基本科研业务费专项基金项目的资助,在其子项"调查和研究"的进行过程中,得到了西北农林科技大学博士科研启动基金的资助。这项研究工作在李小明先生、李婉萌女士的大力推动及支持下,得以顺利完成。参加该项工作的还有西安建筑科技大学人文学院于长飞博士。在本书编写过程中,西安建筑科技大学艺术学院院长杨豪中教授,西安建筑科技大学建筑学院的王军教授、李志明教授、乔征教授,西安交通大学建筑系主任许楗教授给予了许多学术建议。在本书出版过程中,得到西北工业大学出版社的通力协作。在此,谨致以诚挚的谢意。

本书为陕北近代建筑的阶段成果,尚存在不足之处,希望能得到有关专家、同行和读者的指正。

**著 者**

2015 年 5 月于西安

# 摘　　要

　　近代时期(1840—1949 年),陕北以其独特的地理环境、资源条件、历史文化及后期战时红色革命根据地的特定背景,形成了一批类型丰富、特征显著的陕北近代建筑。这些建筑,基于多层次生态过渡区,农耕为主,游牧为辅;形成于黄土高原中心地带,以传承中原文化为主,异域文化为辅,并与近代传入的西方文化相互融合,后又受到战时根据地影响。在特殊的地理、文化及历史影响下,形成并演变的陕北近代建筑,具有特殊的历史价值和重要的研究意义。

　　本书针对陕北近代建筑的特殊价值,突破了按建筑类型进行分类研究的单一化研究集成方法,采用了以兼并历史文化基线的研究方案和技术路线。

　　本书主要研究工作和成果如下:

　　首先,本书对陕北近代建筑发展与演变历程进行了分析,梳理了其历史文化发展脉络,提出了陕北近代建筑文化由"西方化导入""民间化渐变""红色化探索"等时空元素主导和交融的发展演变历程。其次,基于陕北近代建筑发展演变历程,分别对这三个时期的近代建筑进行了分类研究,有针对性地对建筑的空间分布、典型实例、建筑特点进行了数据统计及分析,并对关键建筑实体进行了测绘。再次,在笔者及其组队长期实地调研的基础上,对陕北近代建筑从建筑风格、建筑空间形态、建筑造型特征以及建筑技术特征等四方面进行了研究,总结出陕北近代建筑的特征。最后,对陕北近代建筑形态的演变路径、演变特征及其动因进行分析,全面系统地认知陕北近代建筑的形态及演变。

　　通过对陕北近代建筑发展的研究,本书确定了陕北建筑在近代时期的"基本模型":在建筑形态中的"四种风格"和"五种空间模式",在建筑造型中的"折中"设计手法,在建筑技术中的"本土"和"先进"共存,总结陕北近代建筑特征的基因库。

　　本书提出了陕北近代建筑在演变过程中表现出的一种"多元化"的演变特征,演变路径是多链条的,即西方化导入、民间化渐变及红色化探索的三条线索,为探索中国近代时期典型本土化的红色革命根据地建筑的发展、演变提供了研究思路。

# 目　　录

# 1 绪 论

## 1.1 近代建筑研究的历史背景

### 1.1.1 中国近代建筑的研究

**1. 起步阶段：1940—1970 年**

对中国近代建筑的研究始于梁思成，他很早就关注对中国近代建筑发展的研究。1935 年梁思成为《建筑设计参考图集》撰写了序文，其中简要涉及近代建筑历程。总体上看，《中国近百年建筑》《中国近代建筑简史》初稿和《中国近代建筑简史》第二册及《中国建筑之古今》，可视为中国近代建筑史研究第一阶段的重要成果，对中国近代建筑进行了基础性的、开创性的研究（见表 1.1）。这一阶段集中对中国近代建筑史进行梳理和总结研究。此后 20 多年，因经历"文化大革命"，中国近代建筑史的研究工作基本处于停滞状态。

表 1.1　中国近代建筑主要的研究成果（1940—1970 年）

| 年代 | 书名或论文名称 | 作者 | 备注 |
|------|----------------|------|------|
| 1944 | 《中国建筑史》 | 梁思成 | |
| 1956 | 《中国近百年建筑》 | 刘先觉 | |
| 1959 | 《中国近代建筑简史》初稿 | 建筑工程部建筑科学研究院·中国近代建筑史编辑委员会 | |
| 1962 | 《中国近代建筑简史》第二册 | 建筑工程部建筑科学研究院·建筑理论及历史研究室中国建筑史 | |
| 1964 | 《中国建筑之古今》 | 徐敬直 | |

**2. 发展阶段：20 世纪 80 年代中期到 90 年代中期**

1985 年，清华大学建筑系汪坦教授和张复合教授提交了《关于进行中国近代建筑史研究的报告》，在建设部科技局的支持下，1986 年 10 月，召开了"第一次中国近代建筑史研讨会"[①]，

---

① 张复合.中国近代建筑史研究与近代建筑遗产保护[J].哈尔滨工业大学学报（社会科学版），2008（2）：12 - 14.

1

并发出《关于立即开展对中国近代建筑保护工作的呼吁书》。这是中国举行的第一次全国性研究中国近代建筑史的学术会议，也是中国近代建筑史研究正式起步的标志。

自此，基本每隔两年召开一次"中国近代建筑史研究讨论会"。来自全国各地包括中国台湾、香港、澳门，以及日本、韩国的专家学者，分别就中国以至东亚的近代建筑研究与保护进行了广泛而深入的探讨。近 20 年来在近代建筑研究领域取得了一系列成果，历次"中国近代建筑史研究讨论会"均出版了论文集。这些论文成为近代建筑研究阶段性的代表成果。这种定期召开的学术研讨会对中国近代建筑的研究起到了持续稳定的推动作用。

另外，"中国近代建筑史研究会"与"日本亚细亚近代建筑史研究会"从 1988 年开始中日合作，对中国一些主要城市的近代建筑进行调查研究，并从 1989 年开始陆续出版了由汪坦、藤森照信、王世仁等主编的《中国近代建筑总览》丛书 16 本（包括武汉篇、广州篇、青岛篇、烟台篇、南京篇、哈尔滨篇、北京篇、昆明篇、重庆篇、庐山篇、厦门篇、营口篇、大连篇、沈阳篇、济南篇、天津篇），对中国重要城市的近代建筑进行测绘及概况调研（见表 1.2），总共登录近代建筑 2 607 件，取得了丰厚的成果。1993 年杨秉德主编的《中国近代城市与建筑：1840—1949》，与 12 个城市及学者合作，将各城市近代建筑研究成果汇集成书，并以"中国近代建筑概论"总括全书，较为全面地反映了中国近代城市与建筑发展进程。与此同时，中国各地方城市的近代建筑爱好者分别对所在城市的近代建筑开展了广泛的调查与研究，并取得了一定的成果。如表 1. 2 所示可以看出，20 世纪 80 年代中期到 90 年代中期，中国近代建筑研究的对象最早集中在近代受外来建筑文化影响最早的沿海、沿江、沿边地区。内陆地区近代建筑研究仅有刘征远等著的《河南近代建筑史》（1995 年）。

**表 1.2　近代建筑研究主要集中城市（20 世纪 80 年代中期到 90 年代中期）**

| 城　市 | 区　域 |
|---|---|
| 北京、天津 | 京津地区 |
| 南京、上海、芜湖、庐山 | 长江下游地区 |
| 哈尔滨、大连、长春 | 东北三省地区 |
| 青岛、烟台、济南、营口 | 胶州地区 |
| 广州、厦门 | 华南地区 |
| 昆明、重庆、成都 | 西南地区 |
| 武汉 | 华中地区 |
| 河南地区 | 内陆地区 |

**3. 扩展阶段：20 世纪 90 年代以后**

随着城市的进一步建设，近代建筑保护和发展的问题逐步显现。由于近代建筑年代尚不久远，且多采用新型结构、新材料，很大一部分仍有再利用价值。因此，这一阶段的研究已经不止于对中国近代建筑的史学及建筑文化研究，逐步转向对近代建筑保护、更新再利用方面的关注，也是近代建筑研究广泛化、成熟化、深入化的表现。

1991 年由建设部和文化部文物总局共同召开了"优秀近代建筑评议会"。会议将优秀近代建筑适当列入第四批全国重点文物保护单位,从法律法规的角度为近代建筑的保护迈出了坚实的一步。各地方政府也相继编纂有关近代建筑保护的地方法规,近代建筑被系统地纳入文物建筑的保护范畴之中。1997 年 8 月,"中国近代建筑史专业委员会"成为"中国建筑史学分会"的分会,从此作为一个相对独立的研究组织更加规范。近代建筑研究也越来越得到学术界的重视,这标志着中国近代建筑研究已经逐步成熟。自 1998 年开始,中国近代建筑国际研讨会已经逐步关注近代建筑保护与利用的问题,并出版了《中国近代建筑研究与保护》论文集,这代表着近代建筑的研究已经从对本体形态的认知逐渐转向对建筑遗产再生层面的研究,有着重要的学术价值。

### 1.1.2 陕西近代建筑的研究

近年来,中西部内陆区域和非主流的一般城市的近现代建筑研究逐步向深度和广度扩展。西安建筑科技大学杨豪中教授、林源副教授及马纯立副教授指导学生完成的相关成果,如表 1.3 所示,对西安近代建筑、陕南近代建筑进行了研究,其中专门针对陕北近代建筑的研究显得较为薄弱。

**表 1.3　关于陕西近代建筑研究的研究生学位论文列表**

| 学位论文题目 | 研究生 | 论文级别 | 年份 |
| --- | --- | --- | --- |
| 19 世纪末叶至 20 世纪中叶西安教会学校与医院建筑研究 | 陈新 | 硕士 | 2003 |
| 受基督教文化影响的陕西宗教建筑——教堂建筑研究 | 胡婕 | 硕士 | 2003 |
| 西安近代基督教堂中的中国建筑民族形式 | 宋霖 | 硕士 | 2006 |
| 西安近代基督教堂建筑技术及其相关问题的研究 | 王燚 | 硕士 | 2006 |
| 陕西近代教堂建筑的保护历史及现状研究 | 孙军华 | 硕士 | 2006 |
| 清末民国时期陕北教堂建筑研究 | 王莉 | 硕士 | 2006 |
| 西安近代建筑风格与装饰研究 | 王蕊 | 硕士 | 2006 |
| 西安近代建筑发展特征及价值定位研究 | 邢倩 | 硕士 | 2010 |
| 西安近代建筑研究(1840—1949 年) | 符英 | 博士 | 2010 |
| 陕南地区近代建筑研究 | 张骁 | 硕士 | 2010 |
| 历史文化视角下的内陆传统城市近现代建筑研究 | 王芳 | 博士 | 2011 |

据 1999—2012 年中国优秀硕士学位论文全文数据库统计,仅有西安建筑科技大学侯卫东教授指导的硕士生论文《延安三十到四十年代红色根据地建筑研究》入选。该论文对延安市的凤凰山、杨家岭、枣园、王家坪等革命旧址的历史沿革、旧址建筑特点进行总结,从研究范围来

看仅涉及延安市内的 4 处旧址，从研究内容看局限于名人旧居及个别办公建筑。因此，陕北近代建筑的研究处于初步阶段，尚没有对陕北近代建筑整体的历史构架的研究，也未涉及对陕北近代建筑类型和陕北近代建筑发展演变特征的研究。

## 1.2 陕北近代建筑研究对象

### 1.2.1 研究对象

**1. 时间对象：陕北近代时期（1840—1949 年）**

中国近代的时间范围一般认为是 1840 年鸦片战争到 1949 年中华人民共和国成立。这是一个动荡不安，中西方文化冲突、交融的历史时期，跨越百年历史沧桑，也是中国由封建社会向现代社会过渡的转型时期[①]。

研究陕北近代建筑文化，需要明确近代建筑史的分期问题。

陕北近代建筑起步较晚，需要特别指出的是，建筑的文化及建造是一个逐渐传承和变异的过程。事实上，近代建筑的产生和发展，并不能以某一年作为明确划分，建筑的建造是一个承上启下的过程，既受到之前的影响，又受当时时代背景的影响，很难完全撇开历史渊源单独谈某一时期建筑的形态特征。陕北的近代建筑虽然始于西方文化的侵入，但民间文化却始终有着顽强的生命力，同时红色文化对于陕北近代建筑的形成有着强大的影响力。

陕北近代建筑发展历史阶段划分有自己的特点。综合社会发展、政治事件及历史文化因素，陕北近代建筑发展的历史分期为：①初始期——"西方化导入"时期，1840 年至 20 世纪初，重要的建筑活动为西方基督教传入陕北，在陕北建造教堂建筑，形成新的建筑类型，后期西方建筑影响扩展到陕北各县；②发展期——"民间化渐变"时期，20 世纪初至 1935 年，重要的建筑活动为清末新政发展石油工业，出现官办的煤矿、皮革厂、铅印局及民办的石印馆、印刷馆等，同时商业规模日渐扩大，设立西式学堂及公立职业学校，民居出现西式建筑风格；③兴盛期——"红色化探索"时期，1935—1949 年，重要的建筑活动为红色革命根据地建设，产生行政办公建筑、文教医疗建筑、工业建筑、商业建筑、纪念性建筑及名人旧居建筑，形成了具有特色的陕北近代建筑体系。

**2. 空间对象：陕北地区**

陕北分为两个地区，分别为延安地区和榆林地区。延安地区下辖 1 区 12 县，即宝塔区、延川县、延长县、甘泉县、宜川县、志丹县、安塞县、子长县、富县、洛川县、黄陵县、黄龙县和吴旗县[②]；榆林地区下辖 1 区 11 县，即榆阳区、靖边县、定边县、横山县、神木县、佳县、府谷县、绥德县、米脂县、吴堡县、清涧县和子洲县。

**3. 建筑特性界定：近代建筑与近代时期建筑**

并非所有近代时期建造的建筑都在近代建筑范围之内。近代建筑的研究是在社会政治、

---

① 胡瑞琴，俞祖华.近代中国社会转型问题研究综述[J].青岛大学师范学院学报，2006(3)：57—64.

② 高希圣，周维新.延安地区志[M].西安：西安出版社，2000.

经济、文化大变革的背景下,受到外来因素和自身内部力量的作用而发生的,具有明显时代特点的,不同于传统建筑发展特征的建筑。因此近代建筑一般是指近代时期出现的有别于传统建筑样式的各类新建筑,如模仿西方的西式古典建筑、传统建筑形式与现代功能和技术融合的新形式建筑、中西合璧式的建筑等。因此近代建筑是指必须具有体现建筑近代性特征的建筑。

建筑与时代发展并不一定完全同步,在中国建筑发生近代性改变时,还有一大部分建筑仍延续着传统的形式,这部分建筑虽然从建造时间来看,处于"近代"的时间段,但并无明显的近代特征,因此称它们为"近代时期建筑"①。需要特别说明的是,首先,陕北近代建筑的产生和发展虽然受到西方化导入及红色化影响,但是传统乡土的建筑仍以强劲的力量持续发展,其中既有传统木构架,又有乡土窑洞建筑。由于近代建筑研究必须强调动态发展性,这些传统乡土建筑是陕北近代建筑转变的原型和起点,所以本书涉及陕北近代初期传统乡土建筑的内容。其次,在研究陕北近代建筑中,一些具有代表性的、历史意义重大的、能够反映时代内容的建筑,其中有些已经拆除,为加强研究的集中性和动态发展性,本书依据现有的资料以及现有的建筑遗产进行了合理的推测。

## 1.3 本书的内容安排及特点

本书从静态的结构性研究与动态的发展性研究两个角度,对陕北近代建筑进行整体性研究,即一方面包括对建筑本体特征的认知研究,另一方面包括对建筑特征发展及演变过程的研究,追溯其源头和发展过程,并分析总结其形成的结果及演变路径。

本书主要包括四部分内容:首先以历史为主线,从地理、经济、文化、社会方面综合考虑,对陕北近代建筑发展演变的历程进行分期研究;其次对各个历史分期的建筑进行全面、系统、分类型的研究;三是对陕北近代建筑特征进行总结,包括风格特征、空间形态、建筑造型及建筑技术方面;四是对陕北近代建筑演变路径、特征及原因进行分析研究。具体章节安排如下:

1. 绪论。从近代建筑的生存现状和面临问题入手,对陕北近代建筑研究背景及现状进行梳理,界定研究时间、空间对象。

2. 陕北近代建筑发展演变的历程。从自然地理、经济地理、历史文化及行政区划变更等方面入手,将陕北近代时期分为西方化导入、民间化渐变、红色化探索三个阶段,明确陕北近代建筑发展的主线。

3~5. 分别以西方化导入、民间化渐变和红色化探索三个发展时期为线索,基于大量实地调研及测绘,在对陕北近代建筑进行分类的基础上,从空间分布、建筑实例分析,总结出不同发展时期陕北近代建筑的特点和价值。

6. 陕北近代建筑特征。从建筑风格、空间特征、造型特征及建筑技术方面,确定陕北近代建筑的基本模型:在建筑形态中的"四种风格"和"五种空间模式",在建筑造型中的"折中"手法,在建筑技术上本土与先进的共存。

7. 陕北近代建筑演变路径、特征及动因。对陕北近代建筑发展演变的路径、演变特征及

---

① 刘佳. 镇江近代建筑形态及其演变研究[D]. 无锡:江南大学,2012:13.

动因进行分析,总结出陕北近代建筑多元化、开放化及社会化的演变特征,并从社会、文化、心理等方面对陕北近代建筑的形成过程进行分析。

8. 陕北近代建筑后续研究。

# 1.4　研究框架、思路及方法

### 1.4.1　研究框架

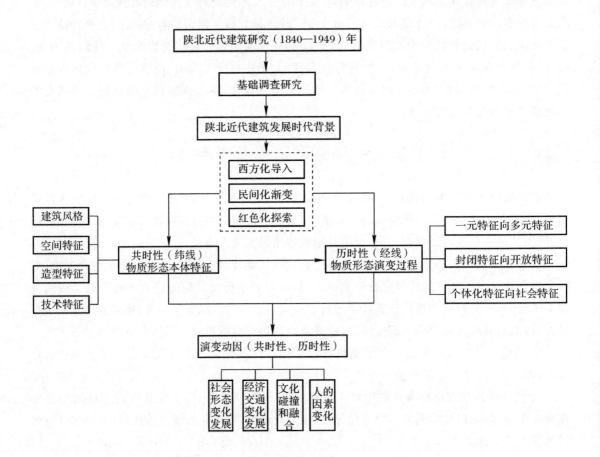

### 1.4.2　研究思路

通过大量实地调研、测绘资料及文献信息,对陕北历史文化脉络进行梳理,提出陕北近代建筑的三个发展时期,分别对这三个时期的近代建筑进行分类研究,总结陕北近代建筑本体特征及演变特征,并分析其演变的动因。

近代跨越近百年的历史,历史本身就是一个动态的变化发展的过程,直接影响到建筑的建造和形态。同时,建筑形态的转变也反映了文化意识形态和社会形态的转变。因此,本书对陕北近代建筑研究以历时性研究为经线,以共时性研究为纬线,即将陕北近代建筑发展历程、演变路径及特征作为经线,将陕北近代建筑本土的特征作为纬线,对陕北近代建筑进行研究。

### 1.4.3　研究方法

#### 1. 实地调研及文献研究结合

一方面,进行大量广泛深入的实地调研,获得研究的第一手资料,调研的具体方法包括以下几种:访问工作人员、居民,拍摄建筑外部和内部空间的整体和局部照片,踏勘测绘,绘制相应的建筑图纸。另一方面,通过大量的文献研究获取相关的历史资料,借以了解近代建筑发展演变的社会文化背景,同时展示近代建筑所承载的各类历史信息,有助于更全面、准确地把握陕北近代建筑。

#### 2. 比较的研究方法

在陕北近代建筑研究中,将建筑发展历程分为三个时期,对不同时期建筑进行纵向对比,分析不同历史时期建筑的特点及价值,这种比较的研究方法有助于全面、清晰地认识陕北近代建筑的特征。

#### 3. 归纳的研究方法

对陕北近代建筑研究是一个提取共性特征并寻找个性差异的过程,在这个过程中运用归纳法可以有效地对繁杂的信息进行归类总结,力求得出系统、全面、科学且具有准确性和说服力的结论。具体来说,通过对大量数据的分析和信息整合,提取建筑共性特征进行分类归纳,得出结论。

# 2 陕北近代建筑发展演变的历程

## 2.1 陕北近代建筑产生的背景

### 2.1.1 陕北的自然地理环境

自然地理环境是建筑产生、发展的基础,不同的地理环境孕育不同的地域文化。[①] 陕北位于陕西的北部,北与内蒙古毗连,东隔黄河与山西相望,西与甘肃、宁夏接壤,南与关中相邻。地势西北高,东南低,海拔 1 000～2 000 米。陕北为黄土高原的中心地带,地形大致分为风沙区和黄土高原丘陵沟壑区。榆林地区的定边、靖边、横山、神木的长城沿线及其以北为风沙区,延安地区和榆林地区南部地域为黄土高原丘陵沟壑区。

历史上,北方游牧民族经常由陕北南下关中,或东渡黄河至太原,危及北京。因而自秦汉以至宋、明、清诸代,都将陕北视为军事要地[②],在此修长城、设关隘、建重镇、屯大军,以加强防卫。尤其是陕北的榆林地区,明中叶以后,是防御蒙古等少数民族入侵的九边重镇之一。民国时期这里也是军事重要据点。陕北的地势险要,军事地理价值较高。

从微观的地理条件来看,陕北内部有横山、子午岭山和黄龙山等。在军事上,这些山地对控制陕北的河谷川道有重要作用。陕北内部的黄河段,渡口覆盖陕北的府谷、神木、佳县、吴堡、延川、宜川等,这些渡口历来是南下或东进的捷径,有重要战略意义。

正是由于特定的地理区位、地理空间特征,陕北自古成为诸多民族和政治势力竞争的军事地区,但也为民族融合提供了条件。不同文化在此碰撞、冲突、交流、融合,创造出陕北特色的多元文化。

### 2.1.2 陕北的经济地理环境

#### 1. 农业经济地理

陕北高原又称陕北黄土高原,是我国黄土高原的重要组成部分,位于陕蒙交界至北山之间,地势西北高,东南低,从南至北分别为沙漠、滩地相间地貌和黄土丘陵与黄土高原沟壑地貌。长城沿线以北为风沙区,包括靖边—榆林城一线及以北地区。风沙滩地与关中盆地之间

---

① 李慕寒,沈守兵.试论中国地域文化的地理特征[J].人文地理,1996,11(1):7—10.

② 史念海.论西北地区诸长城的分布及其历史军事地理(下篇)[J].中国历史地理论丛,1994(3):1—24.

为黄土高原丘陵沟壑与高原沟壑地貌，以甘泉县为界，甘泉县以北为黄土梁、峁沟壑结合的丘陵地貌，以南为黄土梁、塬和沟壑地貌。经过流水、重力等长期作用，地面形成了千沟万壑、支离破碎的地貌特征。

气候条件的差异会影响生物生长发育及人类生产及生活。南部处于暖温带。陕北的北部则为中温带，陕北以暖温带为主，具有冬冷夏热、冬夏温差大的温度特点。其属于干湿过渡的大陆性季风气候，整个陕北地区自北向南干燥程度渐弱，湿润程度渐强。

陕北年日照时数的分布具有南少北多，西少东多的特点。平均年日照百分率为 50％～66％，一年中冬季各月日照百分率通常达 60％～70％，而夏季各月日照百分率通常为 50％～65％。陕北年平均气温为陕西省最低，约为 7～12℃，以东南部最高，西北部最低。最冷月份 1 月的平均气温为 －10～－2℃，最热月份 7 月的平均气温为 21～26℃。[①]

陕北年平均降水量为 300～700 毫米，年降水量分布的最主要特点是南部多于北部；因子午岭纵贯西部，陕北大部分地区年降水量东部少于西部，绥德以北表现出年降水量东部多于西部的特点。陕北年平均蒸发量为 1 500～2 500 毫米，年蒸发量是降水量的数倍，可见陕北气候相当干燥。年蒸发量有北多南少，东多西少的特点，这与降水量相关。

陕北区域主要河流有黄河及其支流渭河、泾河、洛河、延河、无定河及窟野河等，径流的分布规律是自南向北减少，山区大于塬区谷地。地表径流的年际变化大，年径流变差系数在 0.4 以上，因此丰水年雨涝洪灾，少水年干旱缺水。陕北地下水贫乏，其分布规律是南部多，北部少。

陕北年平均风速不大，在 2.5 米/秒以下，但北部长城沿线各地及南部的黄陵、宜君一带可达 2.5～3.5 米/秒，北部的沙源地区会有 4.5 米/秒以上的风速，如神木、定边、靖边一带。

由此可见，陕北由于所处地理位置特殊，气候较干旱，年气温较低，无霜期短，降水量少，蒸发强烈，水源短缺，并且多自然灾害。陕北历代农业发展速度比较缓慢，主要种植一些适合黄土高原气候特征的农作物，如清代陕北粮食作物有"黍、稷、稻、高粱、大小麦、荍麦、豆麦、粟"[②]，以谷米杂粮为主。

如安定县"地皆沙土，风烈霜早，气候苦寒，所种二麦，只十分之一二，秋禾以菜谷为主，其余均系杂粮"[③]。靖边县"地势则山多水少，民食以秋禾为主"[④]。

由于谷类、糜子等杂粮生长期较短、耐瘠、耐旱及适应性强，因此陕北粮食作物多以杂粮为主，陕北地区只有洛川、宜川、富县、黄陵等南部临近关中平原的州县，小麦耕种面积与收获量大于秋粮，愈往北小麦耕种面积愈呈减少趋势。

陕北地形复杂，农业生产条件差，粮食种植为一年一熟，以广种薄收的粗放型农作制度为主。绥德州（今绥德）："地多石田，寒多暖少，故物产不丰，年谷仅能一熟"；葭州（今佳县）："农

① 陕西省地方志编纂委员会.陕西省志黄土高原志[M].西安:陕西人民出版社,1995.
② （嘉庆）延安府志[M].卷三三户略二·物产.
③ 卢坤.秦疆治略[M].清道光年间刻本.
④ 卢坤.秦疆治略[M].清道光年间刻本.

业勤苦,地多硗瘠,所产亩三斗辄称丰年"。[1] 陕北境内虽有延河、无定河等河流,但由于地形为高原山地,水利设施多分布在近河的低平地带,因此生产力水平相对较低,土地荒废,粮食产量较低。

清代以后,陕西植棉区向陕北区域扩大,陕北宜川、延川、洛川、延安、黄陵等县的货属中均有棉花一项。由于棉花的种植要占用较肥沃的水浇地,且需要复杂的田间管理,产量低,收益少,因此清代陕北地区的棉花不足自给,棉花基本外购。[2]

清代陕北地区油料以种植麻为主,有大麻、亚麻、芝麻、蓖麻。其中陕北各县种植最广的为大麻,麻子产量丰富,油料以麻油为主。除麻油外,陕北还有其他种类的食用油,如延川的杏仁油、神木的胡麻油等。清代以后,陕北地区以出产杏、枣为多,其中以黄河沿岸各县产枣最多,包括佳县、米脂、绥德、吴堡、清涧等县。

晚清至民国陕北地区继续开荒扩耕,广种薄收,以农耕为主且农牧结合,积极种植油料及果品等经济作物,为近代尤其是近代后期中国共产党在陕北的大量驻军提供了可靠的食物供给保障。

### 2. 商业经济地理

商品生产的地域特征与陕北地区产业结构有关,陕北为亦农亦牧的产业结构,对外商品主要有畜牧业加工业产品及农业的土特产。

畜牧业主要是饲养良种牲畜如羊、驴、牛、马、猪等,其中主要为羊。陕北地区"天气高爽,盛夏不炎,无疹疡病疫之患,土山浅坬,不勤稼穑,或卧或寝,各适其宜,则北山一地,固亦天然绝大牧场也"[3]。从宣统二年(1910年)陕西各地征收畜税的情况来看,陕北地区榆林和延安两府的畜税总数为537.529两白银,比西安府的骡马市436.897两还要多100两。[4] 由此可见,陕北地区的畜牧业较发达。陕北牲畜除供应本地生产与生活外,销往北方各省。陕北畜牧加工业主要对象为皮毛,如猪皮、马皮、牛皮、羊皮等。由于陕北地区羊毛皮的种类多,有山羊皮、绵羊皮、白羔皮等,因此羊皮毛是陕北近代贸易的主产品。陕北皮毛主要销往北方各省或运往天津出口。

陕北土特产包括嗜食类作物、药材。嗜食类作物包括烟草、罂粟两种。清代陕北地区烟草种植县有佳县、安定、宜川、定边、洛川、绥德、米脂、清涧、吴堡,陕北地区罂粟种植县有靖边、洛川、绥德、米脂等。嗜食类作物以销售为主,清后期鸦片成为陕北对外输出的最大宗货品之一。烟土交易在贸易中比较频繁。

陕北盛产药材,如甘草、山核仁等。陕北的三边、宁条梁和宁夏盐池县三地的甘草年产量约有15万千克,到民国年间产量增长到100万千克。其他药品如山桃仁,在商业贸易中占一定比例。

由上可知,陕北处于内蒙古、甘肃、宁夏、山西的交汇地带,且为农牧交错地带。特殊的地

---

① 陈琯修,赵思明.葭县志.转运[M].民国二十三年石印本影印.

② 张萍.明清陕西商业地理研究[D].西安:陕西师范大学,2004.

③ 杨虎城,邵力子.续修陕西通志稿卷二〇〇拾遗[M].民国23年(1934年).

④ 杨绳信.清末陕甘概况[M].西安:三秦出版社,1997.

理位置及环境,使得陕北商业以畜产品和土特产为主。商业对陕北近代经济、社会、生活的发展有重要作用。

**3. 工业经济地理**

陕北特殊的地形地貌、气候、水文等造就了陕北特有的自然资源。陕北地区有丰富的煤炭、石油、天然气、岩盐及铁矿。陕北是陕西省唯一的产盐区,有岩盐、湖盐、井盐和土硝盐。同时,畜牧业为纺织业的发展提供原材料。这些资源都为陕北近代工业中的石油、煤、铁、盐及手工业奠定了坚实的物质基础。

陕西近代煤炭资源勘探始于外国人,1893—1894 年,俄国人奥勃鲁契夫在中国西北旅行,首次描述了陕北延长群及侏罗纪煤系[①]。民国 24 年胡荣铨著《中国煤矿》记载,清代神木县开采煤矿 5 处,府谷县煤窑有 5 处。

陕北的石油资源最早记载为《汉书·地理志》:"高奴县,有洧水,肥可燃。"陕北的石油主要蕴藏在延长、子长、靖边、横山、定边等地。

陕北的食盐主要有池盐和土盐两种。池盐颗粒较大,质量稍好。土盐颗粒小、味苦,质量比起池盐稍差。池盐主要分布在陕北西北部的定边县,土盐主要分布在子洲县、米脂县、绥德县。

由此可见,陕北得天独厚的地理位置及特殊的地形地貌,使陕北近代的经济生活多元化,即为农业经济、商业经济及工业经济提供强大的物质支撑,这为陕北近代建筑的发展提供了有利的物质保证。

### 2.1.3 陕北的历史文化环境

陕北文化与中华文明相伴而生,有数千年的历史文化底蕴。近代之前,陕北文化的发展依照历史的演变分为三个阶段,即远古到秦汉时期、魏晋到辽宋金元时期、明清时期。[②]

远古到秦汉时期,陕北地区是游牧民族和中原农业民族的必争之地。陕北不仅为中原门户,同时也是整个北中国的中心。这一时期修建的长城与直道,体现了陕北浓郁的军事文化色彩。

魏晋到辽宋金元时期又可分为魏晋南北朝、隋唐、五代辽宋金元朝三个历史时期。魏晋南北朝时期,北方各民族频繁迁出迁入陕北地区,陕北在各族征战过程中成为大熔炉,汉化与胡化同步,农耕与游牧并行。各民族对于佛教的共同信仰,成为这一时期民族意识和民族心理的共同之处。隋唐时期,陕北是西阻突厥,东征天下的战场,同时党项羌族大量内迁,融入新的民族文化,陕北各地的驿道、烽火台、堡寨见证了这一时期的战事频繁。在辽、宋、金、元时期,蒙元治下的陕北,以志丹、安塞、子长、延川一线为界,其北以畜牧为主,农业辅之,其南以农业为主,畜牧辅之,蒙元民族的骁勇、高亢的性格影响了陕北北部地区。明朝陕北有了九边重镇及长城万里。作为驻军重地,陕北经历了来自各地官兵文化上的汇聚和融合。清代,陕北渐失边塞重防的战略地区。

---

① 陕西省地方志编纂委员会编.《陕西省志·地质矿产志》[M].西安:陕西人民出版社,1993.

② 刘蓉.陕北文化的分期及其基本特征[J].延安大学学报(社会科学版).2008,30(4):85—88.

在漫长的历史中陕北形成了具有自己特色的民俗文化,陕北的乡土文化具有以下特征。首先,陕北文化具有开放性和多元性。从远古至明清,陕北是中原农耕文明和北方草原文明的分界线,陕北特殊的地理位置,使得陕北文化从开始就具有极大的包容性。秦汉以来,陕北建制不断变动,华夏族与各少数民族不断相互融合,厚重的黄土宽容地接纳每一个生活在此的民族,养育着每一个建立于此的政权,文化的多元性是陕北的特殊之处。其次,陕北文化具有军事文化色彩。陕北地理位置特殊,因与山西、蒙古、宁夏、甘肃及关中的位置关系,成为兵家必争之地。直道、长城、堡寨、驿站及烽火台见证了陕北战争的回忆,因此也造就了陕北粗犷豪迈、慷慨刚烈、奔放不羁的军事文化内涵。再次,陕北文化具有历史延展性。陕北历史悠久,文化积淀深厚,在多元性及军事文化中仍能窥见其不同历史阶段的文化信息,如在剪纸艺术、舞蹈艺术、建筑艺术中,采用原始仰韶文化中的鸟鱼合体,象征天地相合、阴阳互生;采用明清时代象征吉祥、福禄的动植物形象,如蝙蝠与福、鹿与禄、兽与寿、耄耋与猫蝶,石榴象征多子,荷花寓意品高气节等。这些充分体现了陕北文化的历史延展性。

1840年鸦片战争以后,伴随着中国社会政治、经济的激变,中国文化在与西方文化的碰撞、融合中开始由传统走向近代。步入近代以后,中西文化的关系始终是陕北近代文化变革的基础和轴心,而红色文化则是陕北近代文化变革的催化剂。相对闭塞的自然环境和较落后的经济水平,使陕北地区近代社会发展演变具有独特的区域特征。对于这样一个相对封闭稳定的社会,只有通过外来力量的冲击和振荡,才能带来社会的变革。中西文化的碰撞、比较、选择及融合,最终走向中西合璧、文化同归之途(见图2.1)。

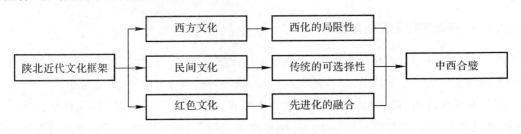

图2.1 陕北近代文化框架

陕北中西文化之间交叉融合有以下尝试。

首先,鸦片战争后,基督教文化传入是被动引进西方文化的首次尝试。陕北近代自基督教传入之后,出现了一批西式宗教建筑,丰富了陕北近代建筑类型。

其次,清末"新政"是引进西方物质文明的一次尝试。"师夷长技"从物质上学习西方。陕北近代文化也受到洋务运动的影响,如1907年引进日本设备及技术人员开发陕北延长油矿,建成并出油,奠定陕北近代宅第、商业、工业及商业的基础。

最后,红色文化作为文化的一种,是由革命文化衍生而来的。红色文化诞生在革命战争年代。中国红色文化以一种昂扬的姿态出现。其创造主体是中国共产党及其领导的中国人民,其产生有一个从自发到自觉的发展过程。最初从星星之火的自发状态,经过艰苦的新民主主义革命过程,渐成燎原之势,红色文化已成为中国共产党和中国人民抵御外辱、反对内战的"精神武器"，至此红色文化成为一种自觉坚定的文化。[①] 陕北近代作为红色文化的根据地之一，在红色文化的孕育下，形成了丰富的陕北近代建筑类型，如行政办公建筑、医院建筑、纪念性建筑、名人旧居等。

1840—1949 年，陕北近代文化呈现出以下特点。

一是陕北近代文化的多元性。从远古至近代，陕北接纳了中原农耕文化、草原文化、西方文化、红色文化，尤其是近代红色政权在陕北的孕育并发展壮大，都体现出了陕北文化的多元性。

二是陕北近代文化具有时代性。陕北近代文化发展始终同国内政治改革、反殖民压迫、救亡图存密切结合。从洋务运动的改良到西方基督教的影响，至红色革命的救亡图存，陕北近代文化具有深刻的时代特征，随着时代的变化而变化。

三是陕北近代文化的发展具有被动性和曲折性。陕北近代文化是在西方的入侵下被迫萌发，"师夷长技以制夷"，在被动中艰难曲折地发展。

由上可见，陕北近代文化的形成和发展是以中西文化的关系为轴心，其中有乡土文化的传承，外来西式文化的影响及红色文化的支撑，对中西文化的认识经历了由浅而深、由器物到制度、由制度向心理的发展过程。中西文化的冲突程度，也伴随这一认识而逐步减弱，最后趋于融合。在以上文化背景下，陕北近代建筑的发展必定根植于传统的乡土建筑文化，在中西文化的碰撞交流中逐步形成和发展。

### 2.1.4 陕北的社会经济环境

#### 1. 明清时期

明代，陕西承宣布政司设置于明洪武九年(1376 年)六月，陕北地区共一府，三州十六县一卫所。[②] 一府为延安府，三州为葭州、鄜州和绥德州，十六县为肤施县、安塞县、甘泉县、安定县、保安县、宜川县、延川县、延长县、神木县、府谷县、洛川县、中部县、宜君县、米脂县、清涧县和吴堡县，一卫为榆林卫。明代陕北作为"九边"边防前线，为驻军重地。

清代的陕西省行政分区为道、府、直隶州、县四级，陕北地区分为一道两府两直隶州，分别是榆绥道、榆林府、延安府、鄜州直隶州、绥德直隶州。[③] 其中延安府有十县，分别是肤施县、安塞县、甘泉县、安定县、保安县、宜川县、延川县、延长县、定边县、靖边县；榆林府有四县一州，分别是榆林县、怀远县、神木县、府谷县、葭州；鄜州直隶州有三县一州，分别是洛川县、中部县、宜君县、鄜州；绥德直隶州有三县一州，分别是米脂县、清涧县、吴堡县、绥德州(见图 2.2)。

清代，陕西各地"民化青磷，田鞠茂草，盖无处不有荒田，无户不有绝丁也"[④]。乾嘉以后，统治者对农业生产采取一系列恢复措施，实行垦荒，并实行一系列鼓励垦荒及吸引民众的政策。陕北地区迁入的流民以晋、豫两省为多，以至靖边、定边这些内陆偏远州县也有客民移居。

① 马静,刘玉标.红色文化发展坐标系的构建[J].重庆社会科学,2012(1):105－108.

② 张萍.明清陕西商业地理研究[D].西安:陕西师范大学,2004.

③ 陕西省地方志编纂委员会编.行政建置志[M].西安:三秦出版社,1992.

④ 档案,顺治七年(1650)八月初一日,孟乔芳揭帖.故宫藏.

在开垦规模上,陕北地区在嘉、道年间农地开垦较普遍,从宜川、洛川、中部等县记载来看,可以看到"开山到顶,人烟云集"①。长城沿边各州县民户甚至在本境无地可耕,不得不到蒙古边外租种"伙盘"地。陕北地区的农业生产技术粗放,基本是"广种薄收"型农业。②

1860—1865 年,陕北地区瘟疫流行,尸体枕藉,饥民暴动。1867—1873 年,由于捻军及回民起义,陕北各地频繁不断发生农民起义。其中 1874—1877 年陕北逢百年不遇旱灾,境内饥民载道,连续不断的天灾人祸造成陕北人口流失,农业经济衰落。

由此可见,鸦片战争后,陕北地区社会政治、经济体制处于变动和危机之中,中国知识分子开始了学习西方文化的历程,西方文化逐步在中国传播。这同时,代表西方文化的基督教出现在陕北地区,教会向贫穷的民众施舍粮食并提供庇护,以此招揽教徒,因此陕北地区基督教在清末至 20 世纪初的 10 余年时间得到了较快的发展。

**2. 民国时期**

民国时期可以分为前后两期,民国前期(1912—1927 年)为三级制:省、道、县。③ 陕北地区 1914 年设立榆林道,初驻榆林,1920 年迁驻肤施县,辖领 23 个县,即肤施县、安塞县、甘泉县、保安县、安定县、延川县、延长县、宜川县、洛川县、鄜县、中部县、宜君县、榆林县、府谷县、神木县、葭县、吴堡县、米脂县、清涧县、绥德县、横山县、靖边县和定边县。④

民国后期(南京政府时期 1927 以后至陕甘宁边区时期)为三级制:省、行政督察区、县。陕北地区 1928 年撤销榆林道,1931 年设置行政督察专员区,其中第 1 行政督察区,公署驻榆林,下辖榆林县、神木县、府谷县、葭县、米脂、横山、靖边、定边;第 2 行政督察区,公署驻绥德,下辖绥德、清涧、吴堡、安定、安塞、保安、肤施、延川、延长 9 县;第 3 行政督察区,公署驻洛川,下辖洛川、甘泉、宜川、鄜县、中部、宜君 6 县,后增设黄龙。⑤

1911 年辛亥革命推翻封建帝制,建立民主共和制,这一历史变革触动社会各界的神经细胞,中国社会出现了前所未有的新陈代谢局面。陕北民众的思想观念逐渐发生变化,尤其是留学归来的青年及地方开明乡绅。如 1909 年在日本东京创办《陕北》杂志,1915 年《新青年》创刊。

民国时期较清末商品经济逐渐兴起和发展,出现一批军办、民办、官办的近代工业、商业。1910 年外商在定边开设洋行;1915 年神木开办利民织布工厂;1921 年井岳秀出资创办惠记工厂(地毯厂);1925 年榆林、绥德创办平民学校;1925 年留法学生创办绥德职业学校和实习工厂;1925 年创办修械所(炮厂);1926 年修械所用蒸汽机带动 110 伏 9.5 千瓦直流发电机发电,榆林首次用上电灯;1928 年陕北成立工业职业中学,设纺织、制革两个专业;1929 年设立职中实习工厂,并陆续从平津等地购回一批机器,成为榆林较早的机械操作工厂;1930 年张季鸾创

---

① 民国《宜川县志》卷九《工商志》.
② 张萍.明清陕西商业地理研究[D].西安:陕西师范大学,2004.
③ 陕西省地方志编纂委员会编.行政建置志[M].西安:三秦出版社,1992.
④ 延安市地方志编纂委员会编.延安地区志[M].西安:西安出版社,2000.
⑤ 陕西省地方志编纂委员会编.行政建置志[M].西安:三秦出版社,1992.

办革新工业厂;1933 年南京卫生署创建榆林卫生院;1934 年榆林县政府创办民生工厂。[①] 由此可见,清末新政的兴起,使陕北近代民族工商业及教育得到了发展。

**3. 陕甘宁边区时期**

陕甘宁边区是特定历史时期、特定区域的一个行政建制。陕甘宁边区经历了抗日战争和解放战争两个时期。解放战争时期,陕甘宁直属于行政院,相当于省级建制。实行边区、县、区、乡 4 级行政制度,县之上设有分区专员公署,代表边区政府督查指挥各县行政。国内战争时期,陕甘边区行政范围逐步扩大,由于历史时期特殊,陕甘宁行政区划变动频繁。

陕甘宁边区 1937 年 9 月建立,1950 年 1 月边区建制取消,陕甘宁政府 13 年划分为三个阶段。第一阶段为初步建立期,1937 年 9 月—1940 年 3 月(见图 2.3);第二阶段为内部调整期,1940 年 3 月—1947 年 3 月(见图 2.4 和图 2.5);第三阶段为迅速变动期,1947 年 3 月—1950 年 1 月(见图 2.6)。[②]

第一阶段:陕甘宁边区于 1937 年 9 月正式成立,1937 年 12 月陕甘宁边区管辖 23 个县,其中有陕北的 16 个县,分别是肤施、甘泉、富县、延长、延川、安塞、安定、保安、定边、靖边、神府、清涧、米脂、绥德、吴堡和佳县。

第二阶段:神府分区划归晋绥边区代管,延属分区下辖肤施、宜川、鄜县、甘泉、固临、延长、延川、子长、安塞和志丹 10 个县以及三边分区、绥德分区。

第三阶段:这一时期陕甘宁边区进入全面战争状态。1947 年 3 月 13 日,边区政府机关暂时撤离延安,中共中央和边区政府转战陕北,逐步形成了由内线作战向外线作战的转变。1949 年 5 月 26 日,陕甘宁边区政府迁入西安。随着兰州、西宁、银川、新疆的解放,1950 年 1 月 19 日,陕甘宁边区转变为西北行政区。至此,陕甘宁政府完成历史使命。

由上可见,陕甘宁边区政府是在战时状态下成立的政权。陕北近代的发展背景表明,自然地理、经济地理、历史文化及社会经济等种种因素,给陕北近代建筑发展及演变特征提供了土壤。

## 2.2 陕北近代建筑的发展历程

陕北近代建筑起步最早的是西方基督教教堂建筑,近代陕北 23 县,有 19 县有教堂,分布较广,规模有大有小。"洋务运动"后,民族工商业兴起,尤以石油工业发展为典型,1907 年延长油矿建成投产及出油,为近代陕北石油工业奠定了基础。1937 年陕甘宁政府正式成立,以延安为首府,在"自己动手,丰衣足食"和"以经济建设为中心"的原则下[③],发展农业、工业、商业、金融、医疗、教育、交通等方面,建设了一批红色建筑。陕北近代建筑的产生与发展有以下几个关键点,它暗含陕北近代建筑发展的过程,然而这个过程并不是单线进行的。陕北近代建筑大致划分为以下几个时期:

---

① 陕西省地方志编纂委员会编.陕西省志·大事记[M].西安:三秦出版社,2009.

② 霍雅琴.陕甘宁边区政府体制研究[D].西安:西北大学,2012.

③ 黎兆辉.抗日战争时期陕甘宁边区的经济建设[J].梧州师专学报.1997(2):4-8.

（1）"西方化导入"时期（1840年至20世纪初）：西方文化强行侵入，以教堂建筑为主，为陕北近代建筑初始阶段。

（2）"民间化渐变"时期（20世纪初至1935年）：清末新政兴起，发展民族工商业及教育建筑，为陕北近代建筑发展渐变阶段。

（3）"红色化探索"时期（1935—1949年）：陕甘宁首府入驻等政治形势变化，产生了新的建筑类型，为陕北近代建筑的大发展阶段。

### 2.2.1 "西方化导入"时期（1840年至20世纪初）

1840年鸦片战争爆发，中国社会步入近代历史阶段。随着一系列对外战争的实例和签订不平等条约，中国沦为半殖民地半封建社会。西方文化侵入是中国近代社会发生的源点，随着西方文化的传入，基督教在陕北地区进行传播，兴建了许多教堂、教会学校及教会医院[①]。

这一时期，基督教的教会及差会在陕北修建教堂。建造比较早的教堂有1872年靖边的小桥畔天主教堂，1909年佳县谭家坪天主教堂，1931年延安桥儿沟天主教堂、甘谷驿天主教堂，1916年榆林基督教福音堂，1935年富县北道德乡天主教堂等。同时，建设了一批教会学校及医院等。教堂建筑一般依照传教士从其本国带来的图纸或原始记忆修建，带来了西式的建筑风格及建筑技术，使延续千年的陕北传统地域建筑受到外来建筑文化的影响。

### 2.2.2 "民间化渐变"时期（20世纪初至1935年）

20世纪初至1935年，清末"新政"后，在精英式知识分子的新思想影响下，民间文化受到极大的影响，依赖于亦农亦牧文化的传统地域建筑受到碰撞。虽然陕北地处西北腹地，经济发展较缓慢，但陕北这一时期的宅第建筑发展特征使传统的民间化建筑方式得以延续和演变，其中蕴含着西方建筑文化与陕北近代民间文化建筑的碰撞与交流。如1922年芝圃中巷2号宅、榆林八狮上巷36号院，表现出宅第建筑民间化渐变的特点。

甲午战争后，外国侵略者攫取中国资源的爪牙伸向陕北。1903年，德国驻天津领事馆汉纳根来延长考察了石油储备情况，回天津后与德洋行策划掠夺延长石油的开采权。在清政府外务部总理奕䜣的干涉下，政府毅然决定由国人自办延长油矿。由清政府投资，时任陕西巡抚曹鸿勋督查，在借助外国先进工业技术性的情况下，1907年延长油矿建成投产，成功出油，由此开创了陕北近代工业的先河。

此后，陕北还陆续设立一些官办和民办的工业。1924年，北洋军陕北镇守使井岳秀在榆林县龙泉寺开办修械所，主要制造九七步枪、轻机枪、炮弹、手榴弹等。之后，续办永兴煤矿、松涛斋铅印局及皮革厂，民办的有永茂石印馆、远通书局印刷馆等[②]。

发展工商业是陕北近代建筑开展的媒介之一，这时还处于一个初级阶段，因为技术、资金等各方面条件的限制，这一时期的工商业建筑多利用民房改建、扩建而成。

---

① 王芳.历史文化视角下的内陆传统城市近现代建筑研究[D].西安:西安建筑科技大学,2011.

② 榆林地区方志指导小组编纂.榆林地区志陕西省档案馆.陕北天主耶稣教堂及回教清真寺等概况调查表.民国档案9号全宗,4号目录,1038案卷.

清末"新政"提倡和奖励私人自办创办工业,倡导设立西式学堂,提倡出国留学等。民国17年(1928年),陕北创办公立职业学校,开设制革课,并办实习工厂。

### 2.2.3 "红色化探索"时期(1935—1949年)

1935—1949年,是陕北近代建筑发展最快速的时期。陕甘宁政府相对稳定,新文化和新思想出现及交通的发展,使陕北近代建筑出现了一批代表性的红色文化建筑。这段建筑历史的进程分为以下阶段。

#### 1. 发展前期(1935—1940年):工商业建筑的兴起

1935年中共中央进入陕北之后,成立陕甘宁政府,这一时期处于国内战争时期,因此主要集中建设工业建筑,首先是军工厂,其次是纺织厂及制革厂等。

1937年,整理开发陕北安定和永坪的煤炭业;1938年,在安塞县茶坊镇建成陕甘宁边区机器厂;1939年,在延安温家沟开办农具厂;1939年开办新华制革厂。

这一时期,商业金融有1939年延安柳林乡的南区合作总社,1939年建设完善的延安南关新市场。

#### 2. 发展中期(1940—1943年):各类型建筑走向高潮

1940—1943年,虽然只有短短的三年时间,却是陕北近代建筑迅速发展的时期。建设量大大增加,建筑类型多样,建筑技术和艺术水平趋于成熟,达到陕北近代建筑发展的最高水平。

文教医疗建筑:1943年,在延安北小沟坪建造中共中央党校;1940年,在延安柳树店建设八路军医科大学;1944年,在南泥湾建设八路军炮兵学校;1940年,在延安河庄坪建设边区儿童保育院;1942年,在南泥湾建设中央管理局干部休养所;1939年,在延安河庄坪建设中央医院;1943年,在延安桥儿沟刘万家沟建设白求恩国际和平医院;1943年,在府谷县哈镇建设秀芳图书馆。

行政办公建筑:1942年,在延安杨家岭的中央大礼堂;1941年,在延安南关的陕甘宁边区参议会大礼堂;1941年,在延安杨家岭的中共办公厅;1942年,在延安北关的晋绥联军司令部;1943年,在延安王家坪的军委礼堂;1943年,在延安枣园的书记处小礼堂。

另外,金融建筑有1941年在延安的陕甘宁边区银行。

1940—1943年,陕北工业建筑继续蓬勃发展,工业建筑有1940年在佳县牸牛沟设立修械厂,1940年创办大光纺织厂,1940年延安桥儿沟的新华化学厂,1940年南泥湾的大华肥皂厂,1942年安塞紫芳沟化学厂,1943年边区玻璃厂。

名人旧居建筑主要有枣园毛泽东、周恩来、刘少奇、朱德等旧居,王家坪毛泽东、朱德旧居,杨家岭周恩来旧居。旧居受"战时"环境影响,军民一起改造建设,在保留本地特有的建筑特色的同时,又进行功能布局、建筑立面上的新尝试。

#### 3. 发展后期(1943—1947年):纪念性建筑的稳定延续

这一时期标志性的近代建筑数量不如前一个发展高潮时期,建筑的发展处于稳定延续的状态,主要以纪念性建筑为主。

纪念性建筑:1943年,在志丹县的刘志丹陵园;1943年,府谷哈镇忠烈祠;1943年,在神木晋绥军区后方医院的纪念塔;1945 年,在神木贺家川镇的抗战八年殉国历史纪念塔;1945 年,在靖边的定边烈士陵园;1946 年,在瓦窑堡的谢子长陵园;1949 年,在黄龙的瓦子街烈士陵园。

**4. 停滞期(1947—1949 年):战乱衰退**

1947 年 3 月,边区政府机关暂时撤离延安,中共中央和边区政府转战陕北,逐步由内线作战向外线作战转变,社会局势处于混乱之中,各类工业也因中共中央的撤退,工业厂房废弃或转为他用。商业虽然在抗日战争刚胜利时有一定发展,但中小商业因政治、军事动荡不安,经济秩序混乱,建筑建设基本停顿。

## 2.3 小　　结

本章以陕北近代建筑的变迁为背景,从自然地理环境、经济地理环境、历史文化环境方面进行阐述。对陕北近代建筑发展历程进行分期研究,以历史阶段为线索,将陕北近代建筑划分为三个发展时期,"西方化导入"时期、"民间化渐变"时期和"红色化探索"时期。

具体来讲,"西方化导入"时期,以中西方文化碰撞为先机,主要以基督教建筑为代表,受到西方外来建筑文化的影响,陕北建筑体系产生近代化的萌芽。

"民间化"时期,以清末新政为契机,开创陕北石油工业先河,以工商业建筑为代表,为陕北传统建筑体系的近代化探索时期。

"红色化探索"时期,在中共中央领导的红色文化的介入下,以工业、行政办公、文教医疗、纪念性建筑为代表,为陕北近代建筑体系的发展和形成时期。

陕北近代建筑发展的三个时期是研究陕北近代建筑发展演变的线索。

# 3 "西方化导入"下的陕北基督教建筑（1840 年至 20 世纪初）

清末,代表西方文化的基督教挟火炮利器进入中国,逐步传播至陕北地区,陕北的近代建筑进入"西方化导入"时期。随着外来的基督教与陕北传统地域文化相互碰撞、交叉和融合,延续千年的陕北传统地域建筑开始逐步受到外来文化的影响,开始了陕北近代建筑的发展历程。1840 年至 20 世纪初,陕北具有近代特征的建筑主要是基督教堂及教会兴办的学校、医院。

## 3.1 基督教建筑的空间分布

基督教堂是教会举行各种宗教仪式的活动场所,同时对外传播教义、扩散势力,通过研究教堂的时空变化,可以透析基督教文化传播的空间特征。

### 3.1.1 近代基督教传播

鸦片战争之前,基督教在中国经历了三个传播时期,在陕西以地下方式传播,发展缓慢且影响很小,没有形成较大的态势。1840 年的鸦片战争开启了基督教在中国传播的第四个时期,传教"合法化"形成了基督教来华传教的高潮。此时陕西境内的基督教传播和发展较快,陕北地区的基督教传播规模从小到大,逐渐深入,影响几乎遍及陕北各区域。清末民初陕北的区域划分包括 2 府 2 州,即延安府、榆林府以及绥德州和鄜州,天主教和基督新教在这些行政区划内传播并发展。

1750 年,陕北延安府的靖边宁条梁镇最早出现天主教,由于是地下传播的方式,教会人手匮乏,集中在西湾子周边地区游走传教。[①] 1865 年,圣母圣心会传教士建立了小桥畔天主教堂[②]。小桥畔天主教堂是陕北的第一座教堂。随着陕北地区天主教传教的展开及深入,教会力量不断壮大,陕北天主教区不断分离并逐渐发展升级为代牧区,1887 年划分成立了陕北教区,1911 年陕北教区细分为延安教区,1924 年延安教区升级为代牧区。[③] 陕北天主教主要是"圣母圣心会"和"方济各会"两大修会。

清光绪二十年(1894 年),榆林府的佳县最早传入基督新教。[④] 清宣统元年(1909 年),英国浸礼会的传教士在绥德设堂传教[⑤],教堂门匾为"救世堂",这是陕北地区历史记载最早的基督新教教堂。陕北基督新教的差会有英国浸礼会、美国公理会、瑞典瑞华会、瑞典喜信会和安

---

① 张彧.晚清圣母圣心会在西南蒙古教区传教述论[J].西北第二民族学院学报,2007(2):75.

② 古伟瀛.塞外传教史[M].台北:光启出版社,2002.

③ 卓新平,中华文化通志编委会.基督教犹太教志[M].上海:上海人民出版社,1998.

④ 佳县县志编纂委员会.佳县志[M].榆林:佳县印刷厂,1994.

⑤ 中共绥德县委史志编纂委员会.绥德县志[M].西安:三秦出版社,2003.

息日会。

基督教的修会及差会在陕北区域内筹集资金、选址买地，召集当地能工巧匠，就地取材，依照传教士从本国带来的图纸或根据其原始记忆，破土动工修建教堂。

### 3.1.2 基督教建筑分布

笔者通过对陕北各个区域地方史志梳理总结，初步核查1840年至20世纪初陕北地区近代教堂的数量和位置，统计出近代陕北2区23县中有2区19县有教堂，仅志丹县、吴起县、甘泉县及吴堡县无教堂。如表3.1所示，在陕北地区分布较广泛的主要是天主教堂，共66座，其次是基督新教教堂，共26座，地方史志内均无东正教的传教记载。

**表 3.1 近代陕北教堂分布表①**

| 地区 | 区县名 | 天主教堂数量 | 位置 | | | 基督新教教堂 | 位置 | | | 教堂总数 |
| --- | --- | --- | --- | --- | --- | --- | --- | --- | --- | --- |
| | | | 县城 | 乡镇 | 村庄 | | 县城 | 乡镇 | 村庄 | |
| 榆林 | 定边县 | 12 | 无 | 2 | 10 | 无 | 无 | 无 | 无 | 12 |
| | 靖边县 | 20 | 无 | 1 | 19 | 无 | 无 | 无 | 无 | 20 |
| | 葭县(今佳县) | 8 | 无 | 1 | 7 | 3 | 无 | 2 | 1 | 11 |
| | 怀远县(今横山县) | 5 | 无 | 1 | 4 | 2 | 2 | 无 | 无 | 7 |
| | 子洲县 | 4 | 无 | 无 | 4 | 无 | 无 | 无 | 无 | 4 |
| | 绥德县 | 3 | 2 | 无 | 1 | 3 | 1 | 2 | 无 | 6 |
| | 榆林城 | 2 | 2 | 无 | 无 | 3 | 3 | 无 | 无 | 5 |
| | 府谷县 | 无 | 无 | 无 | 无 | 1 | 1 | 无 | 无 | 1 |
| | 神木县 | 无 | 无 | 无 | 无 | 1 | 1 | 无 | 无 | 1 |
| | 米脂县 | 无 | 无 | 无 | 无 | 1 | 1 | 无 | 无 | 1 |
| | 清涧县 | 无 | 无 | 无 | 无 | 1 | 1 | 无 | 无 | 1 |
| 延安 | 鄜州(今富县) | 2 | 无 | 无 | 2 | 1 | 1 | 无 | 无 | 3 |
| | 洛川县 | 2 | 1 | 无 | 1 | 1 | 1 | 无 | 无 | 3 |
| | 安定县(今子长县) | 2 | 1 | 无 | 1 | 无 | 无 | 无 | 无 | 2 |
| | 黄龙县 | 2 | 无 | 无 | 2 | 无 | 无 | 无 | 无 | 2 |
| | 延长县 | 1 | 无 | 1 | 无 | 2 | 1 | 1 | 无 | 3 |
| | 肤施县(今延安宝塔区) | 1 | 无 | 1 | 无 | 1 | 1 | 无 | 无 | 2 |
| | 安塞县 | 1 | 1 | 无 | 无 | 无 | 无 | 无 | 无 | 1 |
| | 中部县(今黄陵) | 1 | 无 | 无 | 1 | 1 | 1 | 无 | 无 | 2 |
| | 宜川县 | 无 | 无 | 无 | 无 | 3 | 1 | 2 | 无 | 3 |
| | 延川县 | 无 | 无 | 无 | 无 | 2 | 无 | 无 | 无 | 2 |
| 小计 | 2区19县 | 66个 | 7 | 7 | 52 | 26个 | 16 | 9 | 1 | 92 |
| | | | 66 | | | | 26 | | | |

---

① 陕西地情网[EB/OL]. http://www.sxsdq.cn.

由表3.1的统计数据可以看到,天主教在陕北地区存在分布上的差异。根据天主教教堂的数量不同,可以分为四级区域(见表3.2)。

表 3.2　陕北各县天主教教堂分布表

| 区域级别 | 区县数量 | 县名 | 教堂数目 |
|---|---|---|---|
| 一级区域 | 2 | 靖边县、定边县 | 32 |
| 二级区域 | 5 | 怀远县、葭县(今佳县)、绥德县、子洲县、榆林城 | 22 |
| 三级区域 | 4 | 鄜州县、安定县(今子长县)、洛川县、黄龙县、 | 8 |
| 四级区域 | 4 | 延长县、肤施县(今宝塔区)、安塞县、中部(今黄陵县) | 4 |
| 小计 | | 15个县 | 66 |

天主教进入陕北地区后,其势力迅速扩散发展。首先集中在陕北北部靠近内蒙古省界的靖边、定边,建成的教堂共计32座,其中3座位于集镇,其余29座均分布在乡村,形成一级区域;其次在陕北东部靠近山西省界的葭县、绥德以及怀远(今横山)、子洲、榆林城,教堂共22座,其中16座位于乡村,2座位于集镇,4座位于县城,以乡村为主,镇及县为辅,形成二级区域;再次在陕北西部靠近甘肃省界的鄜州(今富县)及南部临界关中的黄龙、洛川、安定(今子长),教堂共8座,其中6座位于乡村,2座位于县城,以乡村为主,县城为辅,形成三级区域;最后在陕北中南部的延长、肤施、安塞、中部(今黄陵),教堂共4座,其中2座位于集镇,1座位于县城,1座位于乡村,以集镇为主,县及乡村为辅,形成四级区域。

陕北天主教堂共计66座,其中52座位于乡村,7座位于县城,7座位于集镇,以农村为主,县城及集镇为辅,天主教传教集中在乡村,此与天主教的宗教历史渊源是相关的。[①] 教堂分布特点呈现出北部、东部及西部邻省边界区域向陕北的中南部区域扩展的趋势。由此归纳出天主教在陕北的传播空间特征为"边缘中心型":随着教会势力及教徒规模的发展,逐步从边缘乡村向集镇和县城,进而向陕北传统文化核心区域推进的"包围式"演进方式。

表 3.3　陕北各县基督新教教堂分布表

| 区域级别 | 区县数量 | 区县名 | 教堂数目 |
|---|---|---|---|
| 一级区域 | 6 | 绥德、葭县(佳县)、清涧、米脂、神木、府谷 | 10 |
| 二级区域 | 3 | 宜川、延长、延川 | 7 |
| 三级区域 | 2 | 榆林城、横山 | 5 |
| 三级区域 | 4 | 富县、洛川、黄陵、肤施县 | 4 |
| 小计 | | 15个区县 | 26 |

基督新教进入陕北地区后(见表3.3),首先分布在陕北榆林地区靠近山西的绥德、葭县、

---

① 赵玉华,刘凌霄.清末天主教和新教在华传教活动的异同[J].山东大学学报,2003,(1):13－14.

清涧、米脂、神木、府谷，建成的教堂共10座，其中5座位于县城，4座位于集镇，1座位于乡村，以县城为主，集镇为辅，形成一级区域；其次分布在陕北延安地区靠近山西的宜川、延川、延长，教堂共7座，其中5座位于乡镇，2座位于县城，以乡镇为主，县城为辅，形成二级区域；另外分布在榆林地区靠近内蒙古的榆林、横山，教堂共5座，均分布在县城，形成三级区域；其余分布在延安地区靠近关中的富县、洛川、黄陵及延安市，教堂共4座，均分布在县城，形成四级区域。

陕北基督新教教堂共计26座，其中16座位于县城，9座位于集镇，1个位于乡村，以县城为主，集镇为辅，基督新教传教集中在城镇，较天主教集中在乡村的分布差异，是两教派的历史渊源不同所致。新教教堂分布集中在东部及北部的邻省及南部与关中地区相邻的边界区域，由此归纳出基督新教在陕北的传播空间特征为"跳跃式"，传教点集中在县城及集镇的文化集聚区，并有意识地进行区域扩展，这与基督新教改革后较易与其他文化融合是相关的。

### 3.1.3 基督教文化扩散

陕北地区更是一个典型的多层次生态过渡区[1]，在地理环境上，是森林草原区向沙化草原区及黄土区的过渡；在区位方面，是西域游牧文化与农耕文化的交融地带。在生产方式上，是农业与畜牧业的共存地带；在社会构成上，是汉族与少数民族融合地带。这些过渡及融合的区域特征形成了粗犷敦厚又细腻生动的陕北文化（见表3.4）。近代陕北人口集中在陕北的中东及中南部，由此形成以绥德、米脂、子长为中心向南北辐射的原生文化带[2]。民众的传统信仰由佛教、道教及世俗神灵信仰共同构成，集中在陕北的中部、东部及南部地区。

表3.4 陕北地域环境及特征

| 地域环境 | 特 征 |
| --- | --- |
| 地质地貌 | 沙土向黄土的过渡区 |
| 气候特征 | 干旱、半干旱向亚湿润的过渡区 |
| 植被分布 | 荒漠草原向森林草原的过渡区 |
| 生产方式 | 农业和畜牧业的共存区 |
| 社会构成 | 汉族与少数民族的融合区 |
| 区域文化 | 西域游牧文化与关中、中原农耕文化的交融区 |

基督教进入陕北地区后，与当地的传统文化相碰撞，为了避免信仰冲突，优先选择陕北地区四周省界的交界区域。首先天主教48.5%的教堂集中在陕北北部靠近内蒙古省界的交界区域，清末民初陕北的北部地区相对于中、南部地区生产力低下，传统宗教信仰意识较薄弱，教会通过购买土地等生产资料的方式发展教民，在生存与信仰之间，生活困苦的百姓选择入教。其次基督新教65.4%的教堂分布在陕北的东部靠近山西省界的区域，近代山西的基督教文化传播较为广泛，1934年山西基督教教民人数占总人口的10.79‰。[3] 陕北东部与山西的西部地域相连，又属同一方言区，有利于山西传教士在此传播教义。随着陕北地区的北部及东部区域教民数量增多及教会势力逐渐强大，基督教逐步传播至陕北信仰传统宗教文化的中东部及

---

① 黄广生，吴方. 基于GIS的陕北景观结构[J]. 地球科学与环境学报，2006，(3)：107.
② 秦燕. 近代陕北地区人口特点初探[J]. 西北工业大学学报，2001，(1)：11-13.
③ 刘安荣. 基督教的传播与近代山西社会早期现代化[D]. 山西：山西大学，2004.

中南部地区。由于该区域传统文化势力根深蒂固,因此陕北的中东部及中南部地区的教堂数量相对较少。陕北地区的基督教文化与传统宗教文化之间显现出"多交错,少重叠"的文化扩散特征。

## 3.2 基督教建筑典型实例

在欧洲,基督教的圣所为教堂,是教徒聚集的场所。自教堂建筑产生以后,它们一直都综合着当时建筑学,建筑技术,结构,材料、施工、建筑装饰的最新成果和最高水平[①]。由此可见,教堂建筑代表西方建筑的最高技术及艺术价值。延安地区近代遗留至今的教堂,立面构图沿袭了西式的罗马式和哥特式建筑风格,高耸的钟楼、雕刻精美的玫瑰窗、色彩斑斓的彩色玻璃及大量装饰,形成以西方建筑构图方式为主,局部及细部采用乡土建筑手法的教堂建筑,与延安地区的乡土建筑形成了强烈的对比。

民国后期由于社会动荡,陕北的基督教教堂建筑受到严重的破坏。据陕西省档案馆民国25年的档案以及当时陕北地区各府呈报的教堂调查表[②]数据,至民国25年(1936年)教堂仅存15座,其中天主教堂8座,基督新教教堂7座。笔者数次对陕北区域实地调研,发现清末民国初期建造的陕北基督教教堂建筑目前仅存5座(见表3.5),而其余的清末民初教堂已经不复存在。

### 表3.5　现存陕北教堂建筑列表

| 地区 | 教堂名称 | 地址 | 建造年代 | 主管人(国籍) |
|---|---|---|---|---|
| 延安 | 桥儿沟天主教堂 | 延安东川桥儿沟 | 民国20年(1931年) | 易兴化(西班牙) |
| 延安 | 甘谷驿天主教堂 | 延安宝塔区甘谷驿 | 民国20年(1931年) | 易兴化(西班牙) |
| 佳县 | 谭家坪天主教堂 | 佳县谭家坪 | 宣统元年(1909年) | 聂神父(比利时) |
| 榆林 | 榆林基督新教教堂 | 榆林芝圃中巷 | 民国11年(1922年) | 尼尔逊(瑞典) |
| 榆林 | 榆林天主教堂 | 榆林天神庙上巷 | 民国3年(1914年) | 殷嘉伯(西班牙) |

### 3.2.1 延安桥儿沟天主教堂

延安桥儿沟天主教堂位于延安市东北5公里,1924年由西班牙传教士易兴化在肤施(今延安市宝塔区)桥儿沟购买地盘,1931年始建,1934年竣工,现为延安鲁迅艺术学校的室内训练场地。

桥儿沟天主教堂坐南朝北,平面为巴西里卡式的长方形,南北长36.28米,东西宽15.86米,砖石结构(见图3.1)。教堂南端为入口,入口厅之上有唱诗楼(见图3.2)。内部空间分为中厅和侧廊,东西两侧各有6根多边形柱,支撑中厅的拱券顶,教堂内由侧廊窗采光(而不是由中厅侧墙上的高大侧窗采光),内部光线阴暗神秘。中厅北端为圣坛,高出室内地平0.72米,两侧设台阶(见图3.3)。

---

① 张复合.中国近代建筑研究与保护(3)[M].北京:清华大学出版社,2004.

② 陕西省档案馆.陕北天主耶稣教堂及回教清真寺等概况调查表.民国档案9号全宗,4号目录,1038案卷.

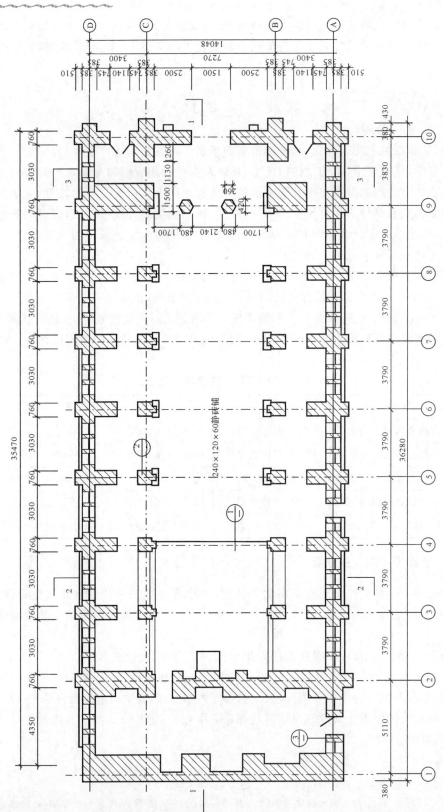

图 3.1　延安桥儿沟天主教堂平面图

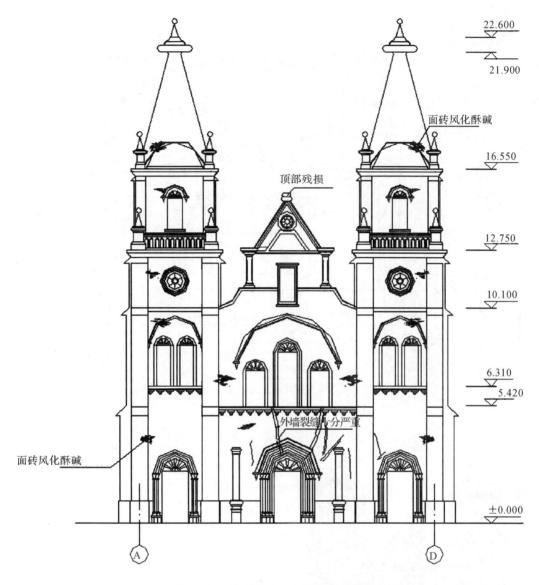

图 3.2 延安桥儿沟天主教堂室内南端

　　桥儿沟教堂建筑立面为三段式构图:中厅及两侧的钟楼。中厅山墙高11.04米,中厅的一层是3个同心的圆拱券构成的大券门,二层是3个连续拱券的长窄窗,窗上有刻有"天主教"的横额,山墙两侧呈弧线,突出了中厅的中心位置(见图3.4)。中厅两侧的钟楼采用三段式构图,一层是3个同心的圆拱券构成的小券门,二层是2个连续的拱券长窄窗,窗上墙面开有一个砖雕的类似玫瑰窗的圆漏窗,三层是拱券高窗。教堂的钟楼高22.6米,其尖顶部分高6.1米,为四棱锥体,檐口呈弧线且划分细致,屋顶及壁柱饰有许多小尖塔(见图3.5)。中厅和侧廊均为梁柱肋骨拱结构(见图3.6)。教堂内部柱头及圣坛雕刻采用莲花、梅、兰、竹、菊、仙鹤等中国传统图案(见图3.7)。立面细部采用延安地区的地方砖雕装饰纹样。

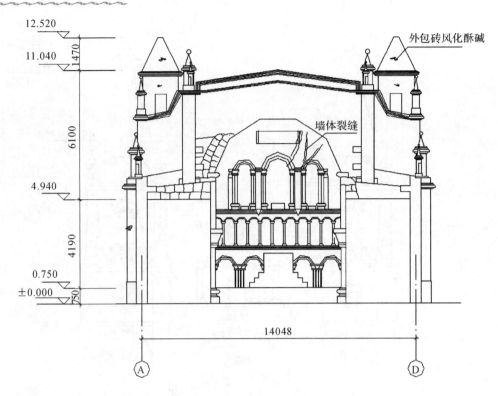

图 3.3 延安桥儿沟天主教堂室内北端

图 3.4 延安桥儿沟天主教堂南立面

图 3.5 延安桥儿沟天主教堂西立面

图 3.6 延安桥儿沟天主教堂内部空间　　　图 3.7 延安桥儿沟天主教堂内部柱头

桥儿沟教堂墙体大而厚实,窗窄小,营造出幽暗神秘的空间氛围,朴素的中厅与华丽的圣坛形成了强烈对比,并且巧妙运用罗马式风格,将沉着的结构和垂直上升的动势结合,因建筑大量使用各种形式的柱和拱券装饰,达到一种敦实厚重、均衡安稳、力度饱满、结构完整的美学效果。①

### 3.2.2　延安甘谷驿天主教堂

延安甘谷驿天主教堂位于延安市宝塔区甘谷驿镇。1924年西班牙传教士在甘谷驿购买地盘,1931年雇佣当地劳工300多人修建教堂,1934年竣工。教堂在"文革"时期内部设施遭破坏,现为延安市甘谷驿粮站的储粮仓库。

甘谷驿天主堂坐南朝北,平面为长方形,南北长30.94米,东西宽12.79米,高14.6米(见图3.8)。主体建筑为二层石基砖结构,青灰色墙面(见图3.9)。教堂内东西两侧各有5根方柱,支撑中间的拱券屋顶,将内部空间分割成三通廊式(见图3.10)。中厅较两边的侧厅高,中厅侧墙上的高窗和侧厅窗均采光,透过彩色玻璃窗光线灿烂而神秘。北端为半圆形圣坛,开有6个尖券高窗,其上覆盖穹顶(见图3.11)。教堂立面为典型的哥特式风格,由中厅的钟塔及两侧厅的山墙构成,面宽12.79米,钟塔高14.6米。钟楼采用三段式构图(见图3.12),一层是由束柱叠涩而成的透视尖券门,石雕三角形门框,门楣石刻菊、梅、牡丹及葡萄图样(见图3.13);二层是三个连续的尖券长窄窗,窗上有横额,上刻"天主教"字样,墙面饰有连续尖券构成的廊栏;三层是六边形的钟楼,六面均有长条状透气的百叶窗,内安置鸣钟,钟楼檐口划分细致,屋顶及壁柱饰有许多小尖塔(见图3.14)。入口两侧山墙对称,各有一个尖券石雕假窗,雕刻龙及植物样式的装饰(见图3.15)。窗上中间有一内凹的形似玫瑰窗的圆形假窗,雕刻莲花图样,建筑细部有浓郁的地方色彩(见图3.16)。

---

① 中科院世界宗教研究所.基督教文化面面观[M].济南:齐鲁书社出版社,1991.

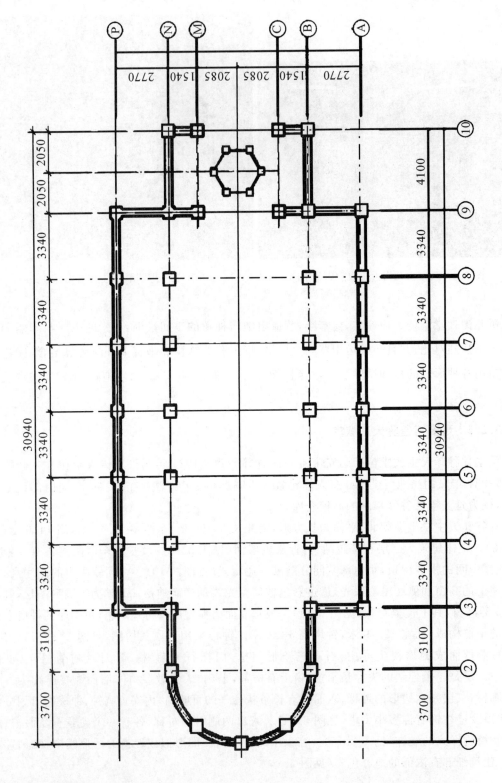

图 3.8　延安甘谷驿天主教堂平面

图 3.9 延安甘谷驿天主教堂西立面

图 3.10 延安甘谷驿天主教堂内部侧廊

图 3.11 延安甘谷驿天主教堂北端圣坛

图 3.12 延安甘谷驿天主教堂南立面　图 3.13 延安甘谷驿天主教堂门楣雕刻

　　延安甘谷驿教堂为石基砖结构,窗户细而高,大量彩色玻璃窗的采光,营造了灿烂神秘的气氛,立面采用大量的尖券、尖顶及尖塔装饰,教堂向上的动势较强,雕刻精巧而华丽,达到一种高耸瘦削、向上升华、神秘哀婉的美学效果。除此之外,原榆林天主教堂为哥特风格的教堂(见图3.17)。

图 3.14 延安甘谷驿天主教堂钟楼

图 3.15　延安甘谷驿天主教堂假窗

图 3.16　延安甘谷驿天主教堂建筑细部

图 3.17　原榆林天主教堂立面

### 3.2.3 谭家坪天主教堂

谭家坪天主教堂位于佳县峪口乡谭家坪村,1909 年由比利时传教士聂神父购买地盘,1909 年始建,1912 年竣工,现仍然作为教堂使用。

谭家坪天主教堂为中西合璧风格,坐东朝西,主体建筑为二层石基砖结构,青灰色墙面。教堂平面为长方形,内部空间划分为三部分,中间空间为教徒诵经祈祷之所,两侧空间为神父及教职人员居住之处,南侧设计有外廊,有室外楼梯通向二层神父住所(见图 3.18)。教堂主入口位于西面,入口两侧是高耸的钟楼,教堂立面采用哥特式建筑常用的尖券门窗,壁柱顶端均用小尖塔装饰,垂直向上的动感强(见图 3.19)。教堂的结构形式采用陕北的窑洞形式(见图 3.20),具有浓郁的陕北地域特色(见图 3.21)。细部装饰采用传统匾额、剪纸、植物样式及和平鸽。陕北地区教堂风格为中西合璧,如靖边小桥畔天主教堂(见图 3.22)、榆林基督新教福音堂(见图 3.23)。

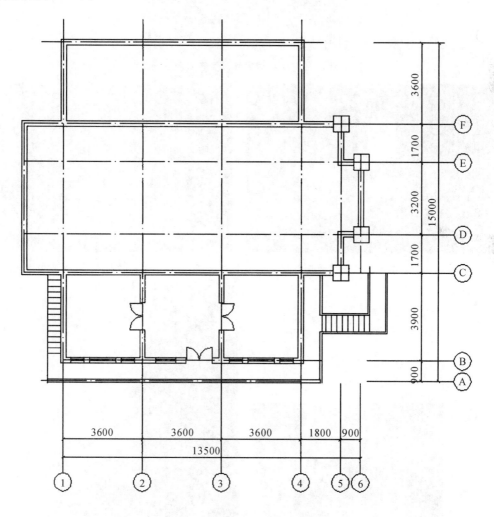

图 3.18　佳县谭家坪天主教堂平面

图 3.19　佳县谭家坪天主教堂西立面

图 3.20　佳县谭家坪天主教堂内部

图 3.21　佳县谭家坪天主教堂鸟瞰

图 3.22　靖边小桥畔天主教堂立面

图 3.23　榆林基督新教福音堂立面

# 3.3 基督教建筑的特点及价值

### 3.3.1 基督教建筑的特点

陕北地区属于黄土高原地区,其特殊的地质地貌、黄土特征、气候条件、本土文化等,经过长期的历史演进,构成了独具特色的传统聚落景观——窑洞①,在人居聚落的选址、建筑朝向、建筑形式及建筑色调方面具有较强的地域传统文化特征。陕北地区的传统聚落选址继承了传统风水学说的理想模式,力求背山面水、负阴抱阳;建筑朝向一般坐北朝南;建筑形式以拱形曲线为主,体现"天圆地方"的宇宙观;建筑材料以当地石材、青砖及黄土为主;建筑色调以土黄色及青灰色为主;建筑装饰以砖雕、石雕为主,线条粗犷,造型别致。这些都体现出陕北地区博大、粗犷、浑厚的黄土文化特征。

1840年至20世纪初,陕北地区的教堂,从选址看呈现出沿山体及河道走势布局,符合当地窑洞建筑依山就势的原则。教堂建筑朝向基本坐北朝南。根据教堂在整个建筑群体位置不同又分为两种类型:一种是教堂位于建筑群中轴线,如佳县谭家坪教堂;另一种是教堂位于建筑群一侧,如延安桥儿沟教堂、甘谷驿教堂。

在建筑风格上,现存清末民初的陕北基督教教堂有罗马式、哥特式、中西结合式三种。延安桥儿沟教堂为罗马式风格,延安甘谷驿教堂为哥特式风格,佳县谭家坪教堂为中西结合式风格。教堂建筑采用罗马式或哥特式显示出了西式教堂的建筑风格,这是西方建筑手法在陕北近代教堂建筑景观上存在的烙印。陕北近代教堂的建筑材料以当地石材和青砖为主,这些当地的材料形成了土黄色及青灰色为主的建筑色彩,这两种色调与当地窑洞建筑的基调一致,构成了陕北近代建筑的基调特色。

从营造结构看,教堂建筑以砖石拱结构为主,砖木梁柱结构为辅。拱结构又分为两种:其中一种采用了西式的梁柱拱券结构,另一种采用了地域特色的窑洞拱形结构,两种结构相比,相同之处在于均采用了拱形曲线型结构,不同之处在于西式梁柱拱券结构较窑洞拱形结构营造的内部空间更幽深多变。陕北延安桥儿沟教堂和甘谷驿教堂采用了西式梁柱砖石拱券结构,佳县谭家坪教堂则采用了地域特色的石拱窑结构。

1840年至20世纪初,陕北近代教堂建筑在建筑群布局、建筑结构、建筑风格、建筑材料和建筑色彩中均体现了与当地窑洞建筑景观的交汇融合,然而教堂建筑高耸挺拔的钟塔,凸显在屋顶的小尖饰、彩色玻璃、圆形玫瑰窗、圆拱形装饰和尖券装饰,显示出西式基督教建筑的宗教个性,构成了陕北近代教堂建筑独特的建筑景观。

### 3.3.2 基督教建筑的价值

陕北这块厚重的黄土地保留着纯净的原始文化基质,曾是各民族相互征战的战场,在数次社会动荡变迁的过程中,各民族文化相互交流融合,文化呈现出多元化的特征。虽然基督教文化是伴随着近代西方的殖民侵略传入的,但基督教团体通过建教堂,兴办学校、诊所及养老院

① 周庆华.基于生态观的陕北黄土高原城镇空间形态演化[J].城市规划汇刊.2004(4):84-87.

33

等社会机构,一定程度上改变了人们的社会生活和思想观念,具有一定的文化价值。

陕北地域在接受西方基督教信仰的同时,当地匠人运用自身的技艺建造教堂,他们在保留本地的建筑技巧和风格的同时,又接受基督教艺术中程式化的内容,表达了他们对于信仰的理解和感情,这是一种精神艺术的再创造。

## 3.4 小 结

1840 年至 20 世纪初,随着基督教传入,陕北出现了一批基督教教堂、教会学校及教会医院,出现了新的建筑类型、建筑风格及建筑结构,如教堂类型的出现,仿罗马式、哥特式建筑,建筑结构采用砖石拱结构。这些承载西方文化的基督教建筑,以一种被迫植入的状态刺激陕北传统地域文化,逐步呈现中西合璧式的建筑风格。西方文化呈现出自上而下、主动侵入的特点。

# 4 "民间化渐变"下的陕北近代建筑
# (20 世纪初至 1935 年)

　　1840 年至 20 世纪初,在半殖民地半封建社会的特殊历史背景下,近代西方文化大量输入,冲击陕北的民间文化,改变了人们的思想观念和生活方式,古代传统、地域文化、中西杂糅、地方新生的各种思想交织在一起,影响了这一时期的陕北近代建筑。20 世纪初至 1935 年,这一时期的陕北近代建筑有着承上启下的作用,上承传统地域建筑文化的精髓,下启现代建筑的观念意识。因此这个时期是陕北近代建筑渐变的重要时期,主要体现在宅第建筑、教育建筑、商业建筑及工业建筑上。

## 4.1　宅第建筑的发展

　　"宅第"一词古代就有,从最早的住宅建筑——"宫室"——发展而来。先秦泛指住宅为"宫室";唐代皇家住宅曰"宫",王侯住宅曰"府",百官住宅曰"宅",庶民住宅曰"家";宋代"执政、亲王曰府,余官曰宅,庶民曰家"[①]。近代时期,封建帝制被推翻,等级制度随之结束,军政要员、士绅买办等权贵为炫耀财富,修筑自己的住宅,留下一批具有历史文化价值的建筑。因此本书所涉及的陕北近代宅第建筑,主要包括军政官员、社会名流、富绅地主等有权势、有地位、有财富及有文化这类人群的住所建筑。这些建筑能够反映宅主的主观意识,同时代表这一时期陕北居住建筑的较高水平,反映出民间化渐变的特征。

### 4.1.1　宅第建筑的概述

　　20 世纪初至 1935 年,在西方文化冲击下,以及在清末"新政"后精英式知识分子的新思想影响下,民间文化受到极大的影响,依赖于亦农亦牧文化的传统地域建筑受到碰撞。虽然陕北地处西北腹地,经济发展较缓慢,建筑近代化起步较晚,但陕北这一时期的宅第建筑发展特征为民间化建筑方式的延续和演变,其中蕴含着西方建筑文化与陕北近代民间文化建筑的碰撞与交流。

　　1840 年鸦片战争之后至 20 世纪初,代表西方文化的基督教传播规模从小到大,逐步深入,影响几乎遍及陕北地区,修建了一批建筑风格独特的教堂建筑。在西方文化的教堂建筑"导入"的同时,陕北民众首先表现出来的是对这种外来建筑的排斥。这一时期,陕北的大量宅第建筑还是延续传统乡土的建筑。宅第的用材和施工较为讲究,尤其 20 世纪初陕北地区政局不稳,因此宅第建筑的防御性能加强,体现了民间化适应时局的特征。

　　20 世纪初至 1935 年,随着西方化的持续导入,陕北民众无形中将这种西式建筑的优点融

---

　　① 　宋史.卷一五四.舆服志·臣庶室屋制度.

入本土的传统建筑中,出现了一些中西结合的宅第建筑。

### 4.1.2 宅第建筑典型实例

民间化渐变不是一蹴而就的过程,近代宅第建筑发展是一个漫长的过程,而且陕北地处西北内陆,民间化对近代宅第建筑影响较为深远。随着西方化及国内出现的新文化思潮,逐步开始宅第建筑的中西合璧建筑形式。

#### 1. 府谷麻镇李宅

李宅位于府谷麻镇,建于民国时期,为当地李姓乡绅所建。宅院为四合院布局,坐北朝南,建筑采用砖柱和砖墙承重。由于建造技术的限制,建筑正房的屋顶为木构架承载的瓦坡屋顶,两侧厢房大胆使用平屋顶(见图 4.1),突破了传统的木构建筑体系。在建筑细部多用表达吉祥、多福等含义的图案装饰,如在建筑两侧砖砌墀头用麒麟(见图 4.2),在入口两侧采用砖雕荷花图案的斗拱(图 4.3),建筑细部表现出对民间化的沿袭。

图 4.1　府谷李宅正房及厢房

图 4.2　府谷李宅墀头细部　　　图 4.3　府谷李宅入口细部

**2. 府谷沙梁张宅**

张宅位于府谷庙沟门乡,建于民国时期,为当地张姓乡绅所建。建筑为居住与防御结合式二层建筑(见图4.4),坐北朝南,下层为砖窑6孔,上下层交通为中轴线前的石砌室外楼梯联系,在相连的砖墙处发圆券方便上下(见图4.5)。二层内凹形成外廊空间,并在外廊的砖砌上镂空孔隙形成瞭望口(见图4.6)。现存建筑的三层碉楼已毁。

图4.4 府谷沙梁张宅立面

图4.5 府谷沙梁张宅室外楼梯

图4.6 府谷沙梁张宅外廊瞭望口

**3. 八狮上巷36号**

八狮上巷36号院建于民国时期,宅第坐北朝南,四合院布局。四合院在砖木结构的基础上采用西式的立面装饰元素。如正房的中间用凸出屋面的圆柱强调垂直划分,两侧用顶部呈小尖塔的方柱凸出屋面(见图 4.7)。建筑细部如进户大门两侧用顶部小尖塔的方柱,中间为圆券门,其上为瓦垒,呈三角形图案,突出入口的垂直方向,与传统入口大门风格迥异(见图4.8)。建筑屋身的两侧砖柱下端,用砖砌成柱式的柱础(见图 4.9)。宅院整体为中式平面,西式立面。

图 4.7　八狮上巷 36 号宅正房

图 4.8　八狮上巷 36 号宅入口大门　　图 4.9　榆林八狮上巷 36 号宅砖柱细部

### 4. 芝圃中巷 2 号宅

位于榆林芝圃中巷的 2 号宅,建于 1922 年,建筑的平面布局为长方形,长约 12 米,宽为6.3 米。建筑为二层砖木结构,建筑平面功能分区明确,共有两个入口,主入口位于南面中央。一层正中是客厅,两侧为卧室,东北向为厨房,建筑北面设有单跑楼梯,楼梯间为储藏室(见图4.10);二层设置小客厅及卧室(见图 4.11)。建筑平面布局简单清晰,水平交通和垂直交通流畅。建筑室内采用木楼梯及木地板,采用弧形红门(见图 4.12)。

建筑立面采用传统的处理方法,屋身为石砌,屋顶为木构架瓦坡屋顶(见图 4.13)。住宅平面空间功能明确,空间完整简洁,交通流线明晰,采用西式平面、中式立面。

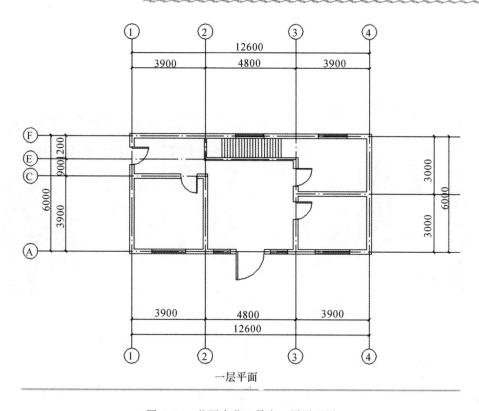

一层平面

图 4.10 芝圃中巷 2 号宅一层平面图

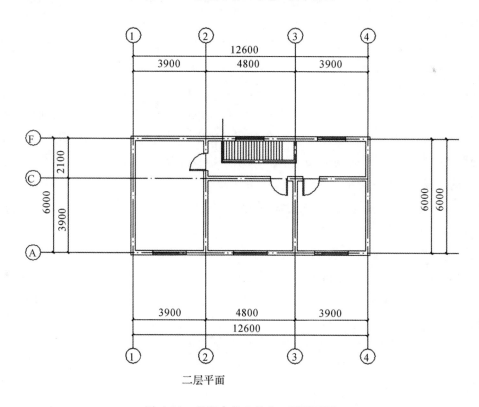

二层平面

图 4.11 芝圃中巷 2 号宅二层平面图

图 4.12　芝圃中巷 2 号宅二层室内　　　　图 4.13　芝圃中巷 2 号宅立面

### 4.1.3　宅第建筑小结

20 世纪初至 1935 年,陕北宅第建筑在近代化过程中,延续民间化的传统地域特色。根据调研资料,陕北宅第建筑发展表现出两种类型:一类是本土传统的旧体系的"洋化",另一类是外来的西式的"本土化"。

第一类型的宅第在建筑结构上采用砖柱和砖墙来承重,但由于建造技术的限制,屋顶仍用木构架的瓦坡屋顶,如府谷县麻镇李宅、沙梁张宅。可见,在建筑体现"洋化"的同时,坡屋顶及传统建筑材料的运用,实质是民间化的传承。

第二类型的宅第在建筑平面、建筑立面采用西式风格,平面布局采用注重功能的集中式,立面造型采用突出垂直方向的装饰元素,如柱式及尖塔。但由于民间文化的根深蒂固,这些宅第或是西式平面中式立面,或是中式平面西式立面,表现出中西合璧的特征,有着承上启下的作用,上承地域传统的文化精髓,下启近现代的观念意识。

陕北宅第建筑从平面布局、建筑立面、建筑结构及建筑细部都体现出陕北地区特有的民间文化。1840 年鸦片战争之后至 20 世纪初,西方文化在陕北的影响扩大,由于陕北地区天灾人祸导致经济、政治处于变动和危机阶段,在此期间,陕北建造的少量近代建筑以教堂为主,此时建造的宅第建筑基本延续地域传统的建筑体现。20 世纪初至 1935 年,受西式文化和新思想文化的影响,尤其是留洋归来的宅主,逐步将外来的建筑文化融入宅第建筑中,反映了民间化渐变的一些特点。

# 4.2 教育建筑的发展

20世纪初至1935年期间,教育领域中最重要的变革是取消科学制度,取而代之的是新式学校。陕北这一时期的教育建筑有以下两种类型:

第一类是西方教会在传教同时兴办的学校。基督教为了传播教义,除了建造教堂传教,传教士还积极参与社会其他事业,如教育、医疗等。民国初年,延安市基督教办小学有1所,学生有30名。[①] 洛川县基督教堂附设初级小学,有学生四五十人[②]。根据陕北地方史志统计,近代基督教在陕北地区共兴办学校34所[③]。在文献中未找到关于中学及职业教育的记载,可以推测陕北地区受西方基督教影响下的教育建筑主要为小学建筑。由于近代国内战争及传教士的回国,这类型的教育建筑基本无存。

第二类是清末洋务派及维新派兴办的本土教育的建筑。鸦片战争后,随着封建社会衰败及西方列强的侵略,清朝末年出现的洋务派及维新派对中国近代教育进行革新,早期主要为改良书院和维新运动中兴办的各种学堂。在此之前书院是中国最早的近代学校。光绪二十七年(1901年)八月,清廷正式发布上谕,改革科举制度、废止八股取士。九月,清政府再次颁布"改书院为学堂"上谕:"著各省所有书院,于省城均设大学堂,各府及直隶州均改设中学堂,各州县均改设小学堂,并多设蒙养学堂。其教法当以四书五经纲常大义为主,以历代史鉴及中外政治艺学为辅。"[④]陕北出现一批改良的书院,如改金鸣书院为延安县城北巷高等小学堂(1901年),改经正书院为鄜州中学堂(1902年),改榆阳书院为榆林中学堂(1903年),改和鸣书院为延安中学堂(1904年),改桥山书院为中部县高等小学堂(1905年),改瑞泉书院为宜川高等小学(1905年),改莘笙书院为安塞高等小学堂(1905年),改育才书院为延长高等小学堂(1906年),改定阳书院、卫道书院为吴旗高等小学堂(1906年),改定汤书院为甘泉县高等小学堂(1906年),改朝阳书院为洛川第一高等小学堂(1906年),改登峰书院为延川高等小学堂(1908年)。[⑤]

辛亥革命后,临时政府成立不久,制定新的教育法规和学制系统,从前各类学堂改为学校,教育有大学、专门学校、高等师范学校,专业有农业、工业、医学等[⑥]。陕北地区原来的学堂一律改为学校,如1913年成立陕北榆林中学,1924年成立延安第四中学,1925年榆林、绥德创办平民学校。同时还先后创办职业学校,如1925年绥德创办职业学校,1928年创办陕北工业职业中学。

---

① 延安市志编纂委员会.延安市志[M].西安:陕西人民出版社,1994.
② 黎锦熙,余正东.洛川县志第三册[M].西安:泰华印刷厂,1944.
③ 吕波.基督教与近代陕北[J].社会延安大学学报(社会科学版),2008(3):95.
④ 光绪东华录(四),第4719页.
⑤ 刘晓喆.清代陕西书院研究[D].西安:西北大学,2008.
⑥ 张惠民.陕西近代科技教育的萌芽和发展[J].陕西师大学报(自然科学版),1988(4):68-69.

虽然这一时期陕北近代科技教育开始萌芽,但由于陕北所处的地理位置以及顽固派的阻挠,科技教育发展较慢,主要以旧式书院建筑形式为模板,由此推测,20世纪初到1935年陕北教育建筑依旧沿袭陕北传统及乡土建筑的形式,多为传统形式木构建筑或是地域乡土特色的窑洞建筑形式。

## 4.3 工业建筑的发展

中国古代对"工"的最早记载见于《尚书》中的"允厘百工""百工惟时"和"百工熙哉"等。许慎在《说文解字》中解释道:"工,巧饰也,像人,有规矩也。"中国古代关于"工"的概念,被认为是采矿、加工和建造等行业,并认为工必讲究技艺及窍门。近代"工业"一般指以使用机器为特征的机器工业,而非机器生产则为手工业。以机器设备替代人,标志着一个新的经济时代。

陕北地区的劳动人民很早就发现分布在黄土高原一带的石油,东汉史学家班固(公元32—92年)所著的《汉书·地理志》称:"上郡高奴,有消水,可燃。"[①](高奴,今延安一带)这是中国古代有关石油的最早记载。陕北地区的人们自发现石油起,就探索应用石油的各种方法。远在秦汉时期,陕北人采集漂浮在泉水之上的石油,《汉书·地理志》载:"高奴县有洧水,肥可燃。水上有肥,可接取用之。"[②]《元一统志》记载宋朝国内出现最早油井,陕北"延长县南迎河有凿开石油一井……又延川县西北八十里永平村有一井,岁办四百斤入路之延丰库"[③],可以看到宋朝陕北地区出现以土法开采石油,生产工艺落后。尽管陕北是我国最早发现和利用石油的地区之一,由于当时石油采取、运输及加工困难,同时陕北地处边远地区,强调边防战略,陕北的石油工业一直处于原始的开发和利用状态。

1904年10月,清政府根据陕西巡抚曹鸿勋的奏请,批准成立"延长石油官厂"。1907年,在延长县西门口主要油苗露头处定一井开挖,是为延一井[④]。延长油矿建成投产及出油,结束了中国不产石油的历史,填补了清末民族工业的空白,为近代陕北及国内的石油工业奠定了基础。

中国近代工业发端于19世纪后期的洋务运动,洋务派大力兴办一批军事工业,开启了中国近代工业化之路。工业建筑类型是鸦片战争后传入的西方建筑类型之一。1840年后,国内政局动荡,加之陕西发生自然灾害,地处内陆的陕北地区交通闭塞,因此,陕北地区工业形式主要以手工业作坊及家庭手工业为主。19世纪末,以洋务运动为先导的官办重工业逐渐建立,官办及民办的近代工厂逐步发展。1907年延长石油引进国外技师钻井炼油,同时送实习生出国学习炼油技术。1921年榆林创办惠记工厂。1925年榆林官办修械所建立。1926年榆林首次用上电灯。1928年创办纺织、制革机械操作实习工厂。虽然这一时期陕北近代工业开始萌

① 梁严冰.延长石油官厂成立述论[J].石油大学学报,2001(1):30.
② 龙南阳.延长油矿史[J],延安:延安报社印刷厂,1989:5.
③ 龙南阳.延长油矿史[J],延安:延安报社印刷厂,1989:7.
④ 陕西省地方志编纂委员会.陕西省志·石油化学工业志[M].西安:陕西人民出版社,1991.

芽,但工业资本弱,工业规模小,生产水平低。这一时期的工业建筑资料较难考证,至今没有资料显示采用新的建筑形式及风格。由此推测,20 世纪初至 1935 年,陕北工业建筑依旧沿袭陕北传统及乡土建筑的形式,只是在建筑功能上进行相应改造。

## 4.4　商业建筑的发展

陕北位于农业与牧业的交替地带,产业结构以耕牧为主。清代陕北对外输出的商品主要为粮食及牲畜类加工产品,如毛皮、毡毯等。由于陕北的地形千沟万壑,所以商路的修建显得尤为重要。清末陕北的陆路发展特征如下:一是原有的西安经延安至榆林的驿路,疏于维修,路况较差,因此延安以南与关中贸易,延安以北则与相邻省界贸易。例如,延安以南靠近关中的地区如宜君、洛川、中部、富县、甘泉与关中保持贸易来往,而延安、延长、宜川则与山西贸易[1]。二是清末开辟陕北北部与蒙古交往的商路,如榆林通往神木、榆林城经乌审旗至定边、榆林城经乌审旗至鄂托克旗,加强陕北与北部蒙古地区的联系[2]。三是清末增加陕北北部腹地的公路联系,如定边的安边堡至靖边的宁条梁。四是增加榆林城至镇川、三原至黄陵、绥德至清涧及宋家川的公路建设,加强陕北东部及南部腹地的联系[3]。由此看出,清末陕北的陆路发展形成北、南两面向腹地发展的趋势。

清末陕西特征水路集中在陕北东部晋陕交界的黄河沿岸,多分布在宜川、延川、吴堡、佳县、神木、府谷的晋陕交界的黄河沿岸,以便设置水路贸易的渡口,水路形成由东向腹地发展的趋势。通过分析清末陕北的陆路及水陆的分布,可以看出陕北的水、陆交通发展为北、东、南三面向腹地发展的空间分布格局,因此陕北 20 世纪初至 1935 年的商业集中分布在陕北的北部、东部及南部地区。

清末陕北地区商业形式以贩运贸易和集市贸易为主,商铺贸易较少。如"邑多肩挑负贩游商,便于集会贸易,其坐肆而设贾者,仅有县城,而资金甚微,门庭冷落"[4],可以看到坐商冷清而行商发达。清朝政府设立课程银是针对固定商铺征收的。根据史料记载,统计出陕北各县商税课程银,反映了清代陕北地区商户的大致数量多寡(见表 4.1)。根据统计可以看出,20 世纪初至 1935 年,陕北商铺分布特征如下:一是集中在陕北的南部地区,靠近关中地区的富县、宜君、洛川、肤施县、黄陵;二是集中在陕北的东部地区,靠近山西的佳县、延川、宜川、绥德、米脂、清涧、吴堡、府谷及延长;三是集中在陕北的北部地区,以榆林市为中心的横山、子长、志丹。总结得出:陕北商铺呈现出南、东、北三面向腹地发展的分布格局,这与清末陕北水陆交通分布是密切相关的。

---

①　陇海铁路管理局.陕西实业考察·交通[M].上海:上海汉文正楷印书局,1933.

②　神木县志编辑委员会.神木县志[M].北京:经济日报出版社,1990.

③　榆林市志编纂委员会编.榆林市志[M].西安:三秦出版社,1996.

④　黎锦熙,余正东.洛川县志(第二册)[M].西安:泰华印刷厂,1944.

表 4.1　清代陕北各县课程银统计表①

| 地区 | 县　名 | 课程银/两 |
|---|---|---|
| 陕北<br>南部 | 鄜州(今富县) | 2 894 495 |
| | 宜君 | 142 899 |
| | 洛川 | 22 885 |
| | 肤施(今延安宝塔) | 3 749 |
| | 中部(今黄陵) | 1 064 |
| 小计 | | 3 065 092 |
| 陕北<br>东部 | 葭州(今佳县) | 1 375 976 |
| | 延川 | 68 369 |
| | 宜川 | 17 861 |
| | 绥德 | 12 616 |
| | 米脂 | 5 311 |
| | 清涧 | 4 691 |
| | 吴堡 | 1 326 |
| | 府谷 | 1 191 |
| | 延长 | 581 |
| | 神木 | 不详 |
| 小计 | | 1 487 922 |
| 陕北<br>北部 | 榆林城 | 不详 |
| | 怀远(今横山) | 不详 |
| | 安定(今子长) | 37 763 |
| | 保安(今志丹) | 5 014 |
| 合计 | | 4 553 014 |

20 世纪初至 1935 年期间,陕北地区由于地处内陆,受到经济、交通等因素影响,这一时期的商业金融发展相对缓慢,商业金融建筑的类型主要有商铺、票号及当铺。至今没有资料显示商铺、当铺采用新的建筑风格。可以推测,陕北这一时期商业建筑沿袭陕北传统建筑形式,并进行了适当改造。

## 4.5　小　结

20 世纪初至 1935 年,是陕北近代建筑承上启下的时期。由于这一时期陕北地区的政治、

---

① 陕西清理财政局.陕西全省财政说明书"岁入部·厘金"[M].西安:陕西图书馆,1909.

资金、技术等各方面条件的限制,教育建筑、商业建筑及工业建筑多利用木构或窑洞改建、扩建而成。而宅第建筑尤其是留洋归来的宅主,在新思想文化及西式文化的影响下,其在宅第建筑中融入外来建筑文化,如传统木构承重采用砖墙承重,中式空间西式立面、西式空间中式立面造型,呈现出中西合璧式的建筑风格,充分体现了传统文化、地域文化这些民间文化对外来文化认识的自下而上、逐步渐变的特点。

# 5 "红色化探索"下的陕北近代建筑
## (1935—1949 年)

红色化是中国共产党领导的新民主主义革命期间的文化。1935—1949 年,伴随中共中央进驻陕北,陕北近代建筑开始了快速发展阶段,建筑类型得到极大的拓展,如行政办公建筑、文教医疗建筑、纪念性建筑、名人旧居、工业建筑及商业建筑等,并形成了陕北近代建筑的主要特征。1948 年,受中共中央撤离延安的影响,陕北的近代建筑发展基本停顿,呈现出凋零的状态。

## 5.1 行政办公建筑

中国近代社会是半封建半殖民性质,陕北地区近代时期由于中共中央的驻扎以及陕甘宁政府的成立,出现了一种特殊的建筑类型——党政军办公建筑。中共中央 1935 年 10 月 19 日进入陕北的吴旗,1948 年 3 月 21 日离开陕北,在 13 年的时间内,建设了一些典型的机关办公建筑,具有研究意义。

### 5.1.1 行政办公建筑的空间分布

通过对陕北地区的地方史志及中共中央革命史的查阅,初步整理出中共中央在陕北的活动地点及时间表。由表 5.1 可以看出,首先,中共中央在延安进驻时间最长,总计时间约 10 年,主要在延安宝塔区的杨家岭、枣园、王家坪及凤凰山[①];其次,在子长瓦窑堡和志丹分别进驻半年之久。另外,中共中央在陕北进驻超过两个月时间的地区有米脂杨家沟、佳县、安塞、靖边、甘泉。其余地区均为短暂停留。

**表 5.1 1935—1947 年中共中央在陕北的时间列表[②]**

| 阶段 | 时间 | 时长 | 主要地点 |
|---|---|---|---|
| 初入陕北 | 1935 年 10 月—1937 年 1 月 | 一年半 | 甘泉、子长、志丹 |
| | 1935 年 10 月 19 日—10 月 22 日 | 三天 | 吴旗 |
| | 1935 年 10 月 24 日—12 月 2 日 | 两个月 | 甘泉 |
| | 1935 年 12 月 13 日—1936 年 6 月 22 日 | 半年 | 子长瓦窑堡 |
| | 1936 年 7 月 3 日—1937 年 1 月 10 日 | 半年 | 志丹 |

---

① 贺文敏. 延安三十到四十年代红色根据地建筑研究[D]. 西安:西安建筑科技大学,2006.
② 赵振军,温瑞茂,中共中央在陕北[M]. 北京:解放军出版社,1988.

续 表

| 阶段 | 时间 | 时长 | 主要地点 |
|---|---|---|---|
| 进驻延安 | 1937 年 1 月—1947 年 3 月 | 十年 | 延安市 |
| | 1937 年 1 月 13 日—1938 年 11 月 20 日 | 一年半 | 凤凰山麓 |
| | 1938 年 11 月 20 日—1947 年 3 月 18 日 | 八年半 | 杨家岭、枣园、王家坪 |
| 转战陕北 | 1947 年 3 月—1948 年 3 月 | 一年 | 安塞、佳县、米脂、靖边 |
| | 1947 年 3 月 25 日—3 月 26 日 | 一天 | 子长县任家山 |
| | 1947 年 4 月 5 日—4 月 13 日 | 八天 | 靖边县青阳岔 |
| | 1947 年 4 月 13 日—6 月 7 日 | 两个月 | 安塞县王家湾 |
| | 1947 年 6 月 17 日—8 月 1 日 | 两个月 | 靖边县小河村 |
| | 1947 年 8 月 19 日—11 月 20 日 | 三个月 | 佳县 |
| | 1947 年 11 月 22 日—1948 年 3 月 21 日 | 三个月 | 米脂县杨家沟 |

通过对陕北各地区的地方史志及中共中央革命史的查阅,初步整理出中共中央在陕北地区党政军办公建筑的数量和位置,统计出陕北地区党政军办公建筑共 60 座。

由表 5.2 的统计数据可以看到,1935—1948 年中共中央驻陕北地区的党政军机关建筑的分布特征。一是党政军机关建筑集中在延安、子长,如党政军机关建筑在延安共计 22 座,占 37.9%,在子长共计 8 座,占 13.8%;二是党政军机关建筑多分布在村庄,其次分布在县城及乡镇,如分布在村庄共计 33 座,占 57%,分布在县城 18 座,占 31%,分布在乡镇 7 座,占 12%。

表 5.2 近代陕北党政军建筑分布表[①]

| 党政军机关建筑 | 县(市)名 | 位置特征 | | | 数量 |
|---|---|---|---|---|---|
| | | 县城 | 乡镇 | 村庄 | |
| 党机关建筑 | 延安 | 1 | | 2 | 3 |
| 政府机关建筑 | 延安 | 4 | 1 | 5 | 10 |
| | 子长 | 7 | | | 7 |
| | 横山 | | | 3 | 3 |
| | 靖边 | | | 2 | 2 |
| | 延川 | | | 3 | 3 |
| | 甘泉 | | | 2 | 2 |
| | 吴旗 | | | 2 | 2 |
| | 延长 | | | 2 | 2 |
| | 佳县 | | | 2 | 2 |
| | 安塞 | | | 1 | 1 |

---

① 国家文物局主编.中国文物地图集陕西分册(下)[M].西安:西安地图出版社,1998.

续 表

| 党政军机关建筑 | 县(市)名 | 位置特征 | | | 数量 |
|---|---|---|---|---|---|
| | | 县城 | 乡镇 | 村庄 | |
| 军队机关建筑 | 延安 | 4 | 3 | 2 | 9 |
| | 子长 | 1 | | | 1 |
| | 安塞 | | | 2 | 2 |
| | 志丹 | 1 | | | 1 |
| | 宜川 | | | 3 | 3 |
| | 洛川 | | 2 | | 2 |
| | 黄龙 | | 1 | 1 | 2 |
| | 甘泉 | | | 1 | 1 |
| | 延川 | | | 1 | 1 |
| | 黄陵 | | | 1 | 1 |
| 小计 | | 18 | 7 | 35 | 60 |

分析党政军建筑分布特征的原因如下:一是中共中央驻扎陕北时期,延安是当时陕甘宁首府地区,而子长的瓦窑堡当时被誉为"红都",因此党政军建筑多分布在这些革命根基较深的地区;二是与"战时"政治背景有关,当时处于抗日战争及国内战争时期,党政军机关既要考虑安全,又考虑便捷,因此其建筑以村庄分布为主,以县城及乡镇分布为辅。

### 5.1.2 行政办公建筑典型实例

1935 年中共中央到达陕北,1948 年离开陕北,随着陕甘宁政府的成立,党政军办公建筑得到迅速发展。1935—1948 年是抗日战争及解放战争时期,党政军机关建筑分为以下类型:第一类是兴建一些质量较好的建筑,如党政军机关的礼堂、中央办公厅大楼、军委会议室等;第二类是对一些建筑改造使用,这类建筑数量众多,如中共陕甘省委、中共西北工委、中共固临县委等建筑;第三类是短期使用的新建建筑,主要为中共驻军的宿舍,多为土窑,具有造价低廉、施工快的特点,如八路军留守兵团总部有土窑百余孔。由此可以看出第一类的建筑质量好,并能代表中共中央当时建筑设计及施工的最高水平。

**1. 杨家岭中央大礼堂**

(1)历史沿革。

中央大礼堂位于延安杨家岭,建于 1942 年,杨作才设计。大礼堂分大厅、舞厅和休息室三部分。1945 年 4 月—6 月,中国共产党第七次代表大会在此召开,至今旧貌尚存。主席台前额弧形的檐上写着"在毛泽东的旗帜下胜利前进"。礼堂两边墙壁上插着 24 面中共党旗,标志着中国共产党成立 24 年。

(2)建筑现状特征。

大礼堂平面为不对称图形,主体会堂为矩形,礼堂东西为 35.98 米,南北为 30.77 米,高 13.4 米。内部有舞台、大厅、舞厅、休息厅、入口门厅。大礼堂共有 3 个入口,其中南向为主入口(见图 5.1)。由于平面布局的不对称,因此主入口位于南向。主入口两侧的砖柱直上二层的女儿墙,突出入口的垂直方向。主入口大门上部有一圆形的窗,上有象征"中国共产党"标志的五角形木雕装饰。圆窗之上,通过对砖的不同排列,砌筑为凹凸不平的女儿墙,增加女儿墙的立体感,突出主入口的标示性。主入口东侧的第一层为长而窄的窗,二层则为方窗,这样突出一层的厚重,二层的轻盈。北向次入口采用欧式的爱奥尼柱式的雨廊,典雅而又富有新意(见图 5.2)。

大礼堂中厅采用 4 个 16 米跨度的大拱券支撑,与传统梁柱结构相比,既符合陕北当地窑洞建筑的拱形曲线特点,又营造出室内空间的开阔及纵深感(见图 5.3)。内部骨架大拱券之间用木板做天花,中厅两侧采用不对称的小拱券解决侧推力(见图 5.4)。这种平面不对称的处理手法,反映"战时"建筑注重功能、效用的特点,建筑设计别具一格。

西立面为大礼堂休息厅,采用联排的长窄窗采光,室内显得开阔、明亮(见图 5.4)。建筑西立面石基砖墙的厚重与连续的长窄窗虚实对比强烈,建筑立面简洁(见图 5.5)。屋顶采用坡屋顶与平屋顶结合,具有中西合璧风格(见图 5.6)。

图 5.1　杨家岭中央大礼堂南入口

图 5.2　杨家岭中央大礼堂北入口

图 5.3　杨家岭中央大礼堂室内东端

图 5.4　杨家岭中央大礼堂室内西端

图 5.5　杨家岭中央大礼堂西立面　　　　图 5.6　杨家岭中央大礼堂远景

**2. 杨家岭中共中央办公厅**

（1）历史沿革。

杨家岭中共中央办公厅大楼系中共中央办公厅机关办公所在地，位于延安杨家岭。杨作才设计，1941 年中共中央机关干部参与修建。1942 年 5 月，中共中央宣传部在此召开了延安文艺座谈会；1944 年 5 月—1945 年 4 月，中共六届七中全会在此举行；1945 年 4 月—6 月，中国共产党第七次全国代表大会在此召开。因形状似飞机，又称"飞机楼"，保存完好。

（2）建筑现状特征。

杨家岭中共中央办公厅平面布局完全对称，建筑长 48.95 米，宽 12.7 米，办公厅主入口在南向中心位置（见图 5.7），入口的东北方向设置楼梯。一层西侧为会议室，设门疏散（见图 5.8）；东侧为作战室，空间较大（见图 5.9）。二层为李富春、杨尚昆、王首道等人的办公室，中间有走廊连接，走廊两侧设门，有木天桥方便出入。三层为会议室，设门，有木天桥直通室外（见图 5.10）。从平面图可以看到每层都设置出口，方便出入，体现对"战时"情况下安全及疏散的充分考虑。

图 5.7　杨家岭中共中央办公厅主入口　　　图 5.8　杨家岭中共中央办公厅会议室

杨家岭中共中央办公厅为三层砖木混合结构，主体采用砖石结构，屋顶为木构坡屋顶。建筑外立面的多边形石砌墙，打破建筑原有的中规中矩，采用长窄窗及圆券窗，玻璃窗和石砌墙的虚实对比,建筑立面敦厚又富有变化。门上简洁的石雕装饰,营造出"简洁"的氛围。

图 5.9 杨家岭中共中央办公厅作战室室内

图 5.10 杨家岭中共中央办公厅室外天桥

**3. 陕甘宁边区参议会大礼堂**

(1)历史沿革。

陕甘宁边区参议会大礼堂位于延安城区南关,1941 年 2 月动工修建,10 月竣工。参议会大礼堂由毛之江设计,杨作才修正,丁仲文和李付缙负责施工,钟敬之进行室内装修设计。在此召开过边区第二、三届参议会,边区劳动英雄代表大会等会议,1947 年遭国民党军队破坏,正门上方谢觉哉写的"陕甘宁边区参议会大礼堂"石匾被砸毁。20 世纪 50 年代维修。1956 年5 月 15 日,原边区参议会副议长谢觉哉重访延安,另题写了"延安大礼堂"五字,刻于正门额上方,并撰文刊石,立于门侧。

(2)建筑现状特征。

陕甘宁边区参议会大礼堂(延安大礼堂)面向东南,平面为"工字型",平面长 43 米,宽 24米,中央的大厅为 24 米×20 米,两端为小会议室及附属用房,入口设置楼梯可达二层阁楼。

陕甘宁边区参议会大礼堂为砖木石混合结构,屋架为木构架(见图 5.11),改建后设置侧高窗采光。建筑主立面下为 5 个并列的券柱式门廊,门廊上方为中厅的二层山墙,山墙两侧做折线处理,避免大三角山墙给人的单调及厚重感,在山墙设计 3 个并列的长圆券窗,满足中厅的采光要求(见图 5.12)。

图 5.11 陕甘宁边区参议会大礼堂

图 5.12 陕甘宁边区参议会大礼堂入口

#### 4. 枣园书记处小礼堂

(1)历史沿革。

枣园书记处小礼堂于1943年建成,中共中央在此多次召开会议,研究制定了关于重庆谈判、开辟东北根据地等重大决策和方针,并多次举行军民联欢活动。1945年元宵节,中央书记处在此宴请枣园乡24位60岁以上的老人,举行了集体祝寿活动。1947年书记处小礼堂遭国民党军队破坏,1954年维修。

(2)建筑现状特征。

枣园书记处小礼堂坐南朝北,平面呈"凸"字形,分为中厅和东厅两部分。有两个出入口,主入口设在南向(见图5.13),次入口设在中厅的东侧。礼堂中厅长16.64米,宽9.58米,高6.68米,侧厅宽6.36米。书记处小礼堂平面布局较传统的长方形平面布局灵活,"凸"形营造出先抑后扬的室内空间。

书记处小礼堂采用砖木结构,屋身为砖结构,屋顶为木构结构,东厅的屋架搭接在中厅的屋架之上。立面采用传统的泥水抹面及长圆券窗,泥墙与玻璃窗的材质对比,土黄色与朱红色的色彩对比。室内设计合理,如会议室注重采光通风,窗户采用地域圆券造型(见图5.14),兼具传统与近代的风格建筑。

图5.13　枣园书记处小礼堂南入口　　　　图5.14　枣园书记处小礼堂会议室

#### 5. 枣园中央办公厅

(1)历史沿革。

枣园中央办公厅于1943年建成。枣园中央办公厅行政处主要负责中央书记处委托事宜。

(2)建筑现状特征。

枣园中央办公厅坐东朝西,平面呈"凹"字形,中厅长12.4米,宽8米,南北两侧长6米,宽9.8米。建筑正中为中厅,南北方向对称布局两个办公室,朝西的办公室外墙处理为半圆弧(见图5.15)。建筑为砖木结构,屋身为砖结构,屋顶中间部分为坡屋面,南北两端弧形处理为攒尖顶(见图5.16)。

#### 6. 枣园总参作战室

(1)历史沿革。

枣园总参作战室于1943年建成,主要作为搜集情报,分析军事形势,编辑作战指令的场所。

图 5.15　枣园中央办公厅立面　　　　　图 5.16　枣园中央办公厅屋顶

（2）建筑现状特征。

枣园总参作战室坐北朝南,平面呈"L"形。入口门廊位于南侧。长 11.5 米,宽 10.5 米。建筑为砖木结构,屋身为砖结构,屋顶为木构架。建筑主入口前设置门廊,廊上设有拱形的门洞,廊与拱形门洞形成强烈的对比,反映出时代和地域双重特色(见图 5.17)。

图 5.17　枣园总参作战室立面

### 7. 王家坪军委礼堂

（1）历史沿革。

军委礼堂位于延安王家坪,建于 1943 年,由八路军三五九旅木工伍积禅设计,军委机关和八路军总部的工作人员动手修建。建成后,中央军委和八路军总部在这里多次召开重要会议。1943 年,还在此举办了第二届生产展览会。1977 年的洪水曾淹没礼堂,1990 年进行翻修,屋架及屋顶保存完整。

（2）建筑现状特征。

军委礼堂建筑平面为长方形,坐东朝西,长 28 米,宽 15 米,高 8.3 米,共有 3 个入口,主入口位于南侧山墙,两个次入口位于东西两侧,便于疏散及出入主席台。

军委礼堂为土木砖混合结构,内部空间较大,采用传统的五架梁。室内两侧各 6 排木柱支撑屋顶,屋顶为传统的歇山顶(见图 5.18)。外立面开设大量的窄长圆券窗,满足采光要求。

与传统的木构建筑相比,军委礼堂有以下特征:一是入口设在山墙,便于营造完整的空间;二是建筑材料运用土、木、砖结合(见图5.19),体现出利用近代建筑材料方面的革新。

图 5.18　王家坪军委礼堂立面　　　　图 5.19　王家坪军委礼堂内部

### 8. 中共中央西北局会议室

(1)历史沿革。

1939 年组成中共中央西北局,加强中共对西北地区包括陕甘宁边区工作的领导,最初办公地点在延安张崖,1942 年 9 月,迁至延安城南门外花石崖砭。中共中央西北局高级会议均在西北局会议室召开。

(2)建筑现状特征。

中共中央西北局会议室坐北朝南,平面呈"凹"形,建筑入口设在西侧。建筑内部分为会议室及休息室,布局考虑实际功能需求。建筑采用砖石木混合结构,建筑屋架采用三角形屋架。建筑立面石基砖墙,矩形窗户,简洁大方(见图5.20)。

图 5.20　中共中央西北局会议室立面

**9. 枣园机要室**

(1)历史沿革。

1937 年 1 月,中央机要科随中央进驻延安,主要为保障中央和中央军委与各抗日战场和地下党组织之间的密码通信联系,及时准确传达中央和中央军委的指令及作战部署。

(2)建筑现状特征。

枣园机要室坐北朝南,平面呈长方形,入口位于北侧(见图 5.21),建筑为土木砖混合结构,屋身为土坯,屋身转角砌砖,屋顶为歇山顶(见图 5.22)。

图 5.21 枣园机要室立面

图 5.22 枣园机要室屋顶

### 5.1.3 行政办公建筑小结

1935—1948 年中共中央党政军行政办公建筑得到大的发展,加之特殊的地理区位及时代背景,表现出陕北近代建筑的进步和城市的发展。由于党政军办公建筑是中共中央具有代表性的建筑类型,因此在建筑平面布局、结构、风格、材料等方面都代表当时陕北的最高水平。这是陕北近代时期建筑从传统建筑向现代建筑的过渡转型阶段。

陕北近代党政军办公建筑是陕北近代建筑的一个重要节点,一方面西方建筑文化进入陕北地区,这是陕北建筑文化吸纳外来文化的过程,另一方面是西方建筑文化进入陕北被吸收、改造的本土化的过程。

**1. 行政办公建筑的特点**

陕北近代党政军办公建筑在平面功能、建筑风格、建筑结构等方面都表现出与传统建筑不同的差异。

建筑平面布局体现"形式服从功能"的建筑特性,充分考虑实用,不刻意追求传统的"对称"布局方式。如杨家岭的中央大礼堂设计,在出入口及休息厅的设计中,考虑实际需要采用不对称的平面布局,立面造型以简洁、现代为主,西式建筑风格明显。又如陕甘宁边区参议会大礼堂,平面为"工字型",以主体建筑的山墙面作为正立面,便于参会人员的快速疏散,体现出"实用"的建筑特征。

建筑风格表现出多元化,出现了西式风格、中西结合、中国传统三种风格。西式风格如杨家岭的中央大礼堂,巨柱式的入口门廊、建筑结构大胆采用拱券骨架。中西结合如陕甘宁边区参议会大礼堂,西式的三角形山墙与传统坡屋顶的结合;又如杨家岭的中共办公厅建筑,多边形的石砌楼与传统屋顶的结合。中国传统风格如美军驻延安观察组驻地,均采用传统的地域建筑窑洞,并外架传统的木构件廊檐。

建筑技术的进步主要体现在建筑结构和建筑材料的应用上,一方面在结构中采用新型的拱券骨架,同时有意识地改进传统木构建筑,另一方在材料中采用砖石木结合,既考虑经济实用性,又考虑坚固耐用性。另外建筑平面布置注重垂直交通的组织及内廊的设计。

在陕北地域传统文化的大背景下,接受西式建筑文化的同时,产生了中西结合的装饰做法。建筑装饰手法分为西式装饰和中西结合两种。西式风格的装饰手法有巨柱式门廊、外立面上墙的线脚、女儿墙的线脚;中西结合装饰手法有西式券柱廊加中式主题的图案,西式简洁的结构加中式门廊石雕装饰。

**2. 行政办公建筑的价值**

1935 年中共中央进驻陕北,给陕北地区留下不可磨灭的历史记忆,同时也留下"战时"中共中央行政办公建筑。这些建筑见证了中国新民主主义革命的历史过程,承载了革命老区辉煌而厚重的历史记忆,具有重要的历史价值。

陕北地区的行政办公建筑受"战时"环境影响,军民一起改造建设,在保留本地特有的建筑特色的同时,又进行功能布局、建筑立面上的新尝试,体现出"战时"公共建筑融合创新的时代特点。

# 5.2　文教医疗建筑

陕北在近代尤其是 1935 年后,初步形成文化、教育、医疗卫生类型的建筑,给陕北近代增添了新的建筑类型,适应了陕北近代时期的军民生活所需。

## 5.2.1　文教医疗建筑的空间分布

### 1. 教育建筑的空间分布

中共中央到达陕北是陕北近代教育的兴盛时期。中共中央带动学校建筑的发展,并形成有自己特色的建筑形式。

1935—1949 年,国内处于政局动荡及战争时期,全国的建设活动多数停滞,陕北作为中共中央的革命根据地,红色文化吸引大批青年来到陕北地区,并以此为主体创办大量学校。所建学校大致分为以下几类:一类是利用当地窑洞作为教室和宿舍使用,一类是新建一批教育建筑,虽然新建的规模较小,却具有"战时"近代教育建筑特征。

以延安为例,1937 年成立中国人民抗日军政大学,1938 年成立云梯山麓鲁迅艺术学院、延安马列学院,1939 年成立边区农业学校、中国女子大学、中共中央党校、陕北公学,1940 年成立泽东青年干部学校、八路军医科大学、边区行政学校,1941 年成立八路军军政学院、新文字干部学校、边区民族学院、朝鲜革命军政学校,1942 年成立八路军军事学院、俄文学校。[①] 由此可看出,陕北 1935—1949 年的近代教育以高层次、专业型为主,为中共中央在抗日战争及解放战争时期储备人才奠定了良好的基础,是中国近代国内高等学校的雏形。

---

① 曲士培.抗日战争时期解放区高等教育[M].北京:北京大学出版社,1985.

1935 年中共中央进入陕北之后开始组建各类学校,如表 5.3 所示。在延长最先开始成立了列宁学校。根据统计数据可以看出,1938—1942 年期间是创办学校的高峰时期,共成立 25 所学校,并且主要集中在延安市。由此可以看出,随着中共中央在陕北延安地区的政治、经济地位逐渐稳固,学校数量逐步增加。

表 5.3 近代陕北学校成立的时间表

|  | 延长 | 定边 | 子长 | 志丹 | 延安市 | 安塞 | 洛川 | 吴旗 | 米脂 | 小计 |
|---|---|---|---|---|---|---|---|---|---|---|
| 1935 年 | 1 | 1 |  |  |  |  |  |  |  | 2 |
| 1936 年 |  |  | 1 | 2 |  |  |  |  |  | 3 |
| 1937 年 |  |  | 1 |  | 2 |  |  |  |  | 3 |
| 1938 年 |  |  |  |  | 4 | 1 | 1 |  |  | 6 |
| 1939 年 | 1 |  |  |  | 5 |  |  |  |  | 6 |
| 1940 年 |  |  |  |  | 5 |  |  |  |  | 5 |
| 1941 年 |  |  |  |  | 4 |  |  |  |  | 4 |
| 1942 年 |  |  |  |  | 3 |  |  | 1 |  | 4 |
| 1943 年 |  |  |  |  |  |  |  |  | 1 | 1 |
| 1944 年 |  |  |  |  | 1 |  |  |  |  | 1 |
| 合计 | 2 | 1 | 2 | 2 | 24 | 1 | 1 | 1 | 1 | 35 |

通过对陕北各地区的地方史志及中共革命史的查阅,初步整理出中共中央在陕北地区教育建筑的数量和位置,如表 5.4 所示。统计出陕北地区教育建筑共 35 座,主要分布在陕北的延安市(共创建大学建筑 24 座),占总数的 69%;其次分布在子长、志丹,总数共为 6 座,占总数的 17%;其余分布在安塞、吴旗、洛川、米脂、定边,总数为 5 座,占总数 14%。此与当时延安市为陕甘宁首府,为中共中央的政治、经济中心的地位有关。

表 5.4 陕北近代教育建筑列表 [①]

| 县(市)名 | 建筑名称 | 分布 | | 年份 | 地址 |
|---|---|---|---|---|---|
|  |  | 县城 | 村庄 |  |  |
| 延安 | 中国人民抗日军政大学 | 1 |  | 1937—1938 | 城区二道街 |
|  | 抗大一大队 |  | 1 | 1937—1939 | 蟠龙镇窑坪村西 |
|  | 云梯山麓鲁艺 | 1 |  | 1938—1939 | 城区北关 |
|  | 马列学院 |  | 1 | 1938—1943 | 河庄坪乡兰家坪村 |
|  | 边区农业学校 |  | 1 | 1939—1942 | 柳林乡三十里铺村 |
|  | 抗大二大队 |  | 1 | 1938—1939 | 柳林乡龙寺村 |
|  | 中国女子大学 |  | 1 | 1939—1941 | 桥儿沟乡王家坪村 |

---

① 国家文物局.中国文物地图集.陕西分册(下)[M].西安:西安地图出版社,1998.

续 表

| 县(市)名 | 建筑名称 | 分布 | | 年份 | 地址 |
| --- | --- | --- | --- | --- | --- |
| | | 县城 | 村庄 | | |
| 延安 | 抗大三分校 | 1 | | 1939—1941 | 城区东关黑龙沟 |
| | 中共中央党校 | | 1 | 1939—1946 | 城区北关小沟坪村 |
| | 陕北公学 | | 1 | 1939—1941 | 桥儿沟乡杨家湾村 |
| | 泽东青年干部学校 | | 1 | 1940—1941 | 桥儿沟乡文化沟村 |
| | 八路军医科大学 | | 1 | 1940—1945 | 桥儿沟乡柳树店村 |
| | 边区行政学校 | 1 | | 1940—1944 | 城区南关南桥山 |
| | 中央管理局干部休养所暨八路军炮兵学校 | | 1 | 1942—1945 | 南泥湾镇陶宝峪村 |
| | 日本工农学校 | 1 | | 1940—1945 | 城区宝塔山南麓 |
| | 八路军军政学院 | | 1 | 1941—1942 | 桥儿沟乡文化沟村 |
| | 新文字干部学校 | 1 | | 1941—1943 | 城区清凉山北和尚塌 |
| | 边区民族学院 | | 1 | 1941—1943 | 桥儿沟乡文化沟村 |
| | 八路军军事学院 | | 1 | 1942—1943 | 桥儿沟乡文化沟 |
| | 俄文学校 | 1 | | 1942—1945 | 城区清凉山北和尚塌 |
| | 朝鲜革命军政学校 | | 1 | 1941—1945 | 桥儿沟乡罗家坪村 |
| | 延安大学 | 1 | | 1944—1947 | 城区南关南桥山 |
| | 边区儿童保育院 | | 1 | 1940—1947 | 河庄坪乡白家沟村 |
| | 杨家湾民办小学 | | 1 | 1938—1940 | 桥儿沟乡杨家湾村 |
| 子长 | 中国抗日红军大学 | 1 | | 1936 | 瓦窑堡镇米粮山阎家大院 |
| | 抗大三、四大队 | 1 | | 1937—1939 | 瓦窑堡镇南门马号院 |
| 延长 | 列宁学校 | | 1 | 1935 | 刘家河乡西河村 |
| | 鲁迅师范学校 | 1 | | 1939 | 延长镇街 |
| 志丹 | 中国人民抗日红军大学 | 1 | | 1936—1937 | 保安镇街南 |
| | 中共中央党校 | | 1 | 1936—1937 | 周河乡刘坪村 |
| 安塞 | 边区保育院 | | 1 | 1938—1940 | 真武洞镇白家坪 |
| 吴旗 | 赵老沟小学 | | 1 | 1942—1947 | 吴仓堡乡赵老沟村 |
| 洛川 | 八路军随营学校 | | 1 | 1938 | 后子头乡后子头村 |
| 米脂 | 边区米脂中学 | 1 | | 1943 | 米脂镇北门外 |
| 定边 | 安边小学礼堂 | | 1 | 1935 | 安边镇安边堡 |
| 合计 | | 13 | 22 | | |

**2. 文化建筑的空间分布**

文化建筑的覆盖面较广,图书馆、博物馆、观演建筑、会展建筑和科研建筑等属于其范畴[①]。陕北近代文化建筑是陕北近代时期的历史载体,是近代历史文化的重要构成因素。

陕北近代图书馆最早出现在鸦片战争后的 1918 年,为榆林城内的斌丞图书馆。通过对陕北各地方史志的梳理,统计出陕北近代图书馆共 4 座,分别是延安的中山图书馆、府谷的秀芳图书馆、榆林的斌丞图书馆和绥德的子洲图书馆(见表 5.5)。可以看出近代图书馆分布在榆林地区共 3 座,这与榆林城、绥德及府谷在清末是陕北传统的文化区域是密切相关的。由于图书馆是从古代书院或是藏书楼发展而来的,而榆林城、绥德、府谷是清末陕北传统文化浓郁地区,因此这些区域主要发展建设以传播知识、培育人才为主的近代图书馆。

陕北近代观演建筑如剧团、剧院、文化俱乐部等,均分布在延安,共计 6 座。陕北近代科研建筑仅 1 座,为延安的自然科学院。陕北近代文化协会建筑共计 2 座,均分布在延安。

**表 5.5 陕北文化建筑列表[②]**

| 建筑类别 | 建筑名称 | 县(市)名 | 县城 | 村庄 | 时间 | 地址 |
|---|---|---|---|---|---|---|
| 图书馆 | 中山图书馆 | 延安市 | | 1 | 1938—1947 | 桥儿沟乡文化沟村 |
| | 秀芳图书楼 | 府谷县 | | 1 | 1943 | 府谷县哈镇哈拉寨 |
| | 斌丞图书馆 | 榆林城 | 1 | | 1918 | 榆林城区内 |
| | 子洲图书馆(遗址) | 绥德县 | 1 | | 1925 | 名州镇北关 |
| 观演 | 延安电影厂 | 延安市 | 1 | | 1939—1946 | 城区北关文化沟口 |
| | 边区民众剧团 | | | 1 | 1938—1943 | 桥儿沟乡文化沟村 |
| | 青年艺术剧院 | | | 1 | 1941—1943 | 桥儿沟乡文化沟村 |
| | 西北文艺工作团 | | | 1 | 1941—1947 | 桥儿沟乡文化沟 |
| | 平剧研究院 | | | 1 | 1942—1947 | 枣园乡贺崖村 |
| | 文化俱乐部 | | | 1 | 1940—1945 | 桥儿沟乡文化沟村 |
| | 新华广播电台播音室 | | | 1 | 1940—1943 | 枣园乡王皮湾村 |
| 科研 | 自然科学院 | 延安市 | | 1 | 1940—1943 | 桥儿沟乡马家湾村 |
| 文化协会 | 边区文化协会会址 | 延安市 | | 1 | 1938—1941 | 河庄坪乡兰家坪村 |
| | 延安文协 | | | 1 | 1939—1946 | 河庄坪乡兰家坪村 |
| 报社 | 解放日报社 | 延安市 | | 1 | 1941—1947 | 清凉山 |
| | 新华通讯社 | | | 1 | 1937—1947 | 清凉山 |
| | 新华广播电台 | | | 1 | 1940—1947 | 清凉山 |
| | 边区群众报社 | | | 1 | 1946—1947 | 清凉山 |
| | 晋绥日报社 | 神木县 | | 1 | 1941—1945 | 贺家川镇杨家沟村 |
| 小计 | | | 3 | 16 | | |

① 任力之.文化建筑的内涵与表达[J].建筑技艺,2009(4):76-78.
② 国家文物局主编.中国文物地图集陕西分册(下)[M].西安:西安地图出版社,1998.

由此可以看出陕北近代文化建筑特征：一是陕北近代文化建筑主要分布在延安市。陕北近代文化建筑共 13 座，分布在延安的有 10 座，占 77%；其余分布在榆林、绥德、府谷，占 23%。二是陕北近代文化建筑多分布在村庄，少数分布在县城。陕北近代文化建筑分布在村庄的有 10 座，分布在县城的有 3 座。这些建筑分布特征一是与延安为当时陕甘宁首府有密切关系，二是与"战时"建筑以安全性及隐蔽性为主有关。

**3. 医疗建筑的空间分布**

1840 年前中国传统的医学以中医为主，中医的诊断方式分为"医寓"（即坐堂中医）和游走行医两种方式。"医寓"的医疗空间多为自家宅院，生活与医疗空间只做模糊分隔，行医、药店、制药和生活家居环境密不可分；"游医"的医疗空间是乡村生活空间，游走四方，送医送药。[①] 由此可以看出，近代前中国传统的中医模式是以医生或是病人的居住空间作为诊疗空间的，医疗建筑基本未独立建造。

1840 年以后，医疗建筑在陕北地区发展有以下几种情况：一是西方传教士"医务传教"形成的医疗机构；二是中共中央办的医疗机构。其中时间最早的医疗机构为西方传教士的医疗机构，而规模大、影响最大、设备较为完备的是中共中央所办的医疗机构。

中共中央驻陕北期间，陕北地区共有医院 9 座，如表 5.6 所示，分布特征如下：一是医院集中在延安市，延安共有 5 座，占 56%，其余分布在安塞、子长、宜川、吴旗等地，以陕甘宁首府延安为中心辐射分布；二是医院均分布在村庄，有利于隐蔽及病人的安静休养。

**表 5.6　陕北医疗建筑列表[②]**

| 建筑名称 | 县(市)名 | 分布村庄 | 年份 | 地址 |
|---|---|---|---|---|
| 中央医院 | 延安市 | 1 | 1939—1947 | 河庄坪乡李家疙村 |
| 八路军野战医院 | | 1 | 1940 | 李家渠镇拐峁村内 |
| 延安学生疗养院 | | 1 | 1941 | 河庄坪乡李家疙村 |
| 边区医院 | | 1 | 1942—1946 | 城区白家坪村内 |
| 白求恩国际和平医院 | | 1 | 1943—1947 | 桥儿沟乡刘东万家沟村 |
| 边区医院 | 安塞县 | 1 | 1938—1940 | 真武洞镇李家沟村 |
| 红军医院 | 子长县 | 1 | 1935—1936 | 冯家屯乡后桥村 |
| 二战区后方医院 | 宜川县 | 1 | 1939—1941 | 党湾乡安家庄村 |
| 西征红军后方医院院部 | 吴旗县 | 1 | 1936 | 铁边城镇油寺村铁炉沟村 |
| 合计 | | 9 | | |

**5.2.2　文教医疗建筑典型实例**

**1. 教育建筑典型实例**

(1)八路军医科大学。

---

① 刘玉龙.中国近现代医疗建筑的研究[D].北京:清华大学,2006.
② 国家文物局.中国文物地图集.陕西分册(下)[M].西安:西安地图出版社,1998.

历史沿革:八路军医科大学的前身是中国工农红军军医学校和中共工农红军卫生学校,1931 年 11 月创建于江西瑞金。1935 年随中央红军到达陕北,1938 年学校由前线迁入延安富县张村驿。1940 年 3 月迁至柳树店现址,9 月正式更名为八路军医科大学。

学校学制 4 年,设解剖、生理等 8 个系。该校成立后,八路军野战医院、白求恩和平医院等成为学校的临床实习医院。学校先后共培养学员 16 期,为前线和陕甘宁边区培养了一大批医务人员,并帮助边区进行流行性疾病的预防与治疗,被誉为"红医摇篮"。1945 年 11 月该校奉命赴东北兴山办学。1948 年 11 月迁至沈阳。

建筑现状特征:学校布局由礼堂、手术室及病房窑洞构成。礼堂平面为长方形,礼堂有三个出入口,主入口在南面,其他两个次入口位于东侧和北侧。礼堂南立面山墙两侧做折线处理,突破山墙给人的单调感(见图 5.23)。由于礼堂空间较大,因此采用侧高窗采光通风(见图 5.24)。手术室平面为"凸"字形,为石结构,开设大量的方窗,满足手术室的采光(见图 5.25)。病房由石窑组成,充分体现陕北地域特色,也反映战时迅速建设的特点(见图 5.26)。

图 5.23　八路军医科大学礼堂南立面

图 5.24　八路军医科大学礼堂西立面

图 5.25　八路军医科大学手术室

图 5.26　八路军医科大学病房

(2)八路军炮兵学校。

历史沿革:八路军炮兵学校位于南泥湾镇陶宝峪村内。1938 年 1 月,在山西临汾成立了中共中央的第一个正规炮兵团——八路军总部炮兵团。为了储备雄厚的军事力量,1944 年 11 月,中共中央军委在南泥湾成立了八路军炮兵学校,将八路军炮兵学校迁至中央管理局干部休养所。炮兵学校的学员开荒种地、挖窑建房,依托炮兵团遗留下来的 18 门旧火炮,边学习边制作代用品。延安炮兵学校被誉为"人民炮兵的摇篮"。

建筑现状特征:八路军炮兵学校旧址现存学校大门、宿舍及礼堂。大门为两根砖柱(见图5.27),宿舍为二层砖砌窑洞(见图 5.28),在西侧设置室外楼梯方便上下(见图 5.29)。其中二层建有前廊,栏杆用砖砌筑,采用不同砌筑方法,巧妙形成实虚对比的立面效果(见图5.30)。礼堂为砖砌木屋顶,南立面采用大面积的玻璃窗采光通风,入口并列设置3个大门疏散,南立面采用不对称设计,石砌墙与大面积的玻璃形成强烈的实虚对比,为强调入口一层设计横向的雨棚(见图5.31)。北立面采用砖柱廊的做法强调入口,营造建筑半室外过渡空间(见图5.32)。礼堂营造出简洁、明亮的效果。

图5.27　八路军炮兵学校大门

图5.28　八路军炮兵学校宿舍立面

图5.29　八路军炮兵学校宿舍室外楼梯

图5.30　八路军炮兵学校宿舍细部

图5.31　八路军炮兵学校礼堂南立面

图5.32　八路军炮兵学校礼堂北立面

(3)中共中央党校。

历史沿革:中共中央党校前身为马克思主义共产学校,1933年3月成立于江西瑞金,1935年随红军长征到达陕北瓦窑堡后改为现名,1937年2月迁入延安,1939年8月—1946年11

月常驻延安城区北关小沟坪村内。该校为中国共产党培养了大批干部。毛泽东曾为该校大礼堂题写了"实事求是"四字,并在此做了《整顿党的作风》等重要报告。中共中央党校现存原校部驻地的石面土窑洞 11 孔、土窑洞数十孔及中央党校礼堂遗址 1 处。

1943 年 8 月,为适应当时干部培训的需要,中共中央党校学工人员在校部修建礼堂,1943 年 12 月竣工。礼堂建筑面积 1 300 平方米,可容纳 2 000 多人。

建筑现状特征:礼堂平面呈"T"型,建筑为砖石结构,内部采用拱券支撑。礼堂立面对称布局,竖向三段式布局,中间部分较两边高而窄,中间立面下为细长窗采光,长窗上有四块白沙岩石雕刻的"实事求是"题字,题字上有圆形的玻璃窗,中间立面两侧的砖柱砌筑出"凹槽",立体感强烈(见图 5.33)。两侧立面开有较多的窄长窗,室内光线充足,建筑立面着重垂直线条的处理,如深凹的窄长窗,使得建筑立面丰富,具有较强的光影效果。建筑室内采用地炉采暖。

图 5.33　中共中央党校

(4)陕甘宁边区儿童保育院。

历史沿革:陕甘宁边区儿童保育院成立于 1938 年 10 月,院址先后设在延安柳林、安塞白家坪,保育院下设保教、总务、卫生,院内分为乳儿、婴儿、幼稚、小学 4 个部。1940 年 9 月,由安塞迁至河庄坪乡白家沟,小学部继续留在安塞白家坪。保育院在艰苦的岁月中,为培育革命的后代建立了不朽的历史功绩,被誉为革命的摇篮。1946 年底,保育院撤离延安,1948 年 11 月迁往西安。

建筑现状特征:保育院现存 48 孔石窑洞,因地制宜分三层布局(见图 5.34)。每层的窑洞前有较大的场地,满足儿童室外活动要求。该建筑采用地方窑洞形式,符合"战时"快速建设需求(见图 5.35)。

图 5.34　陕甘宁边区儿童保育院旧照

图 5.35　陕甘宁边区儿童保育院远景

由上可见,陕北近代教育建筑的发展较为缓慢,具备以下特点:其一,战争对近代陕北近代教育建筑的发展有一定促进作用,抗日战争及解放战争时期,许多地区的建筑发展进入停滞期,而陕北出现校园建设的发展期。其二,陕北近代学校建筑不可避免地受西方"现代主义"风格影响,学校建筑的立面造型采用西方建筑常用的构图手法,造型简洁、注重功能、经济合理,没有装饰或少量装饰而成为时代的新风格。如中共中央党校建筑立面的三段式构图,八路军医科大学建筑,或多或少带有国外学院派建筑的烙印。其三,继承及发展地域传统风格,采用陕北地域特色的窑洞。由于学校建筑功能需求需要有较多的教室和宿舍,因此如陕北联排的窑洞做了适当的变通,利用高差变化组织联排窑洞,形成韵律感极强的"台地"窑洞群。如陕甘宁边区儿童保育院,利用三层不同高差将三组联排窑洞连接,每层窑洞前设置开阔的活动场地,每层之间设置台阶。

**2. 文化建筑典型实例**

(1)自然科学院。

历史沿革:自然科学院位于桥儿沟乡马家湾村。1939 年 5 月,延安自然科学研究院成立于此,1940 年 9 月改名为自然科学院。学院师生在教育、科研、经济"三位一体"的办学思想指导下,因陋就简、因地制宜,生产多种实验用具,用西北的野生马兰草成功造纸,用沙滩筑盐田的方法制盐,发现并垦殖了南泥湾,制造了"丰足牌"火柴、玻璃、肥皂和几百万枚军装用铜纽扣,指导炼铁厂、火药厂的生产,探明开采油井、气井,提供生产玻璃、肥皂、酒精、制碱所用的设备,设计修建了边区水坝,安装了水轮机,设计建设了杨家岭"七大"会议大礼堂,等等。学院旧址现存部分土窑洞。

建筑现状特征:自然科学院原有建筑为传统的歇山顶,圆券门窗,有二层碉楼(见图 5.36和图 5.37)。

图 5.36　自然科学院旧照

图 5.37　自然科学院碉楼

(2)秀芳图书楼。

历史沿革:秀芳图书馆位于府谷县哈镇哈拉寨村,1943 年由抗日爱国将领马占山督修,因马占山字为秀芳,故名秀芳图书馆。

建筑现状特征:秀芳图书馆为砖木结构两层通高建筑,底层为方形,砖结构。入口处两侧砖砌圆柱伸至二层花栏墙(见图 5.38)。其余三面开拱券窗。一层屋檐用砖砌叠涩及花栏墙,作为砖结构与二层木结构的过渡(见图 5.39)。二层为八角形攒尖顶木结构,窗棂为传统的方形图案,攒尖顶砖雕葫芦纹样。建筑室内设木梯通往二层,二层顶柱 8 根,4 根抱梁与 4 根大梁相互交叉叠垒(见图5.40)。二层木构额枋镌刻"明礼义""知廉耻""守纪律""负责任"的题词(见图5.41)。建筑材料砖与木的结合,建筑立面繁与简对比强烈。

图5.38　秀芳图书馆入口

图5.39　秀芳图书馆立面

图5.40　秀芳图书馆屋顶内部

图5.41　秀芳图书馆细部

**3. 医疗建筑典型实例**

(1)中央医院旧址。

历史沿革:中央医院位于延安宝塔区河庄坪乡李家圪村。1938年10月,延安遭受日军飞机轰炸,宝塔区山上的边区医院迁往安塞黄瓜塔,延安的医疗设施急缺。1939年5月,在延安城北的李家圪村的山坡上选址建设中央医院。1939年9月份初具规模,建成三四十孔窑洞。1939年11月7日,中央医院正式投入使用。此后中央医院不断扩建,在两年多的时间建成102孔窑洞,90间平房,8层的窑洞群。1941年学生疗养院与干部疗养院合并后迁走,九层改作高级干部疗养病房。1944年,新建综合手术室,手术条件得到较大改善。[①] 1945年,中央医院已有病床210张,设置内、外、妇、儿、结核病和传染科,医院主体为九层窑洞。中央医院是延安地区规模最大的医院,是在艰苦的战争年代,中国共产党在陕北地区创立的第一个正规化医院。医院旧址现存石砌大门1座(见图5.42)、石窑10孔及土窑洞上百孔。

建筑现状特征:中央医院大门为石砌,两侧为方柱,柱础与柱头均用石雕刻线脚,中间有一拱形石材连接两侧方柱,拱形石材上雕刻英文及五角形。两侧石柱右刻中央医院,左刻延安学生疗养院(见图5.43)。

图 5.42 中央医院入口旧照　　　　　　　图 5.43 中央医院入口现状

中央医院病房之间挖通道,方便转送病人、避风雪及防空之用[②]。病房为九层窑洞,一层为儿科,编号从101开始,二、三、八层是工作人员宿舍,编号依次从201,301,801开始,四层为妇产科,五层为外科,六层为内科,七层是胸科和肺科,最高第九层1941年前为学生疗养院,1941年后为高级干部病房,编号从901开始。依照地势走向,各层窑洞编号一律从西到东,每个窑洞四张病床(见图5.44)。医院另有手术室、婴儿室、药剂室、检验室和X光室以及俱乐部、食堂、厕所等生活设施。[③]

中央医院手术室为砖木结构,手术室室内为木地板,壁炉采暖及双层玻璃。可容纳四台手术同时进行,同时配有洗手室、预备室、X光室、手术室、休息室、储藏室等配套设施,设备较齐备。

中央医院门诊室为砖石结构,平面为长方形,入口为圆券门,诊室开多而密的窄长窗,通风、采光较好(见图5.45)。

(2)白求恩国际和平医院。

历史沿革:白求恩国际和平医院位于桥儿沟乡刘东万家沟村,前身为1938年11月成立的八路军军医院,1939年12月为纪念诺尔曼·白求恩大夫以身殉职,改名为白求恩国际和平医院,1943年3月20日迁入现址刘东万家沟。1944年,医院将驻李家坬的中央医院作为总院第

① 金星.延安有个中央医院[J].中华魂,2010(3):42—44.

② 陈树.激情燃烧的岁月:红色年代的医院生活——延安中央医院的工作与生活轶事[J].当代护士(综合版),2008(1):4—7.

③ 东平,王凡.中共领袖与延安中央医院往事[J].党史博览,2007(6):23.

一部,驻柳树店的医科大学附属医院为第三部,总院机关和第二部驻刘东万家沟。1947年初,
该院迁往华北解放区,与晋察冀边区的白求恩国际和平医院合并。白求恩国际和平医院是当
时延安规模较大、医疗设备较为齐全的医疗中心之一。医院旧址现有大门一座、手术室一座、
石窑洞16孔及土窑洞数十孔,1984年曾维修。1995年9月,延安地区文物管理委员会在此树
立了标志纪念碑。

图5.44 中央医院住院部

图5.45 中央医院门诊部立面旧照

建筑现状特征:白求恩国际和平医院设有手术室、药房及病房(见图5.46)。其中病房为
联排的石窑洞,地域特色明显(见图5.47)。手术室为砖石结构,平面为"凸"字形,坐北朝南,
共有两个出入口,分为位于南面和北面。南面入口处开有一门三窗,窗为长方形,上下用砖砌
线脚(见图5.48),北面出入口设在"凸"形处(见图5.49)。手术室开有大量的方窗采光,满足
手术室功能需求。手术室的屋顶采用歇山顶,屋顶设天窗,手术室墙的拐角处全部做弧形抹圆
处理,满足手术室特殊功能需求。

图5.46 白求恩国际和平医院旧照

图5.47 白求恩国际和平医院现状

图5.48 白求恩国际和平医院手术室主入口

图5.49 白求恩国际和平医院手术室次入口

（3）中共中央管理局干休所——红楼。

历史沿革：红楼位于南泥湾镇陶宝峪村，1943 年 3 月筹建，张协和负责设计，由三五九旅和总部炮兵团的指战员动手修建，1943 年 9 月建成。红楼是中共中央负责人的休养所，因墙体由红砖砌成，故称"红楼"。1947 年 3 月，胡宗南军队进犯延安后，红楼遭受破坏。1949 年后，经重新整修，现已基本恢复原貌。

建筑现状特征：红楼建筑平面为不规则形，根据功能设置中厅、楼梯、俱乐部、舞厅、客房及室外露台。建筑坐北朝南，建筑入口位于南门（见图 5.50），为了充分利用南面采光，凸出一个体块作为卧室（见图 5.51）。在建筑东面设置室外的露台，用砖砌为十字形样式（见图 5.52），屋顶为坡屋顶。建筑立面采用弧度较小的长圆券门窗，二层设置外廊和露台，建筑风格简洁、别致。

建筑室内在入口设置木楼梯方便上下（见图 5.53），楼梯间设置方窗解决采光，二层集中布置卧室及舞厅，功能流线简洁（见图 5.54），舞厅设门直接通向室外的露台（见图 5.55）。

图 5.50　中共中央管理局干休所南入口

图 5.51　中共中央管理局干休所南立面

图 5.52　中共中央管理局干休所东立面

图 5.53　中共中央管理局干休所室内楼梯

图 5.54　中共中央管理局干休所二层室内

图 5.55　中共中央管理局干休所舞厅室内

由上可见,陕北近代医疗建筑因地制宜,对联排式窑洞建筑进行改造创新,采用"台地"的多层空间布局,在台地设置不同病房,如中央医院一层为儿科,四层为妇产科,五层为外科,六层为内科,九层为高级干部病房,其余二、三、八层是工作人员宿舍,功能分区合理。为使内部流线便捷合理,有利于"战时"之需,在病房之间设置内通道。医院另有手术室、婴儿室、药剂室、检验室和 X 光室以及俱乐部、食堂、厕所等生活设施,功能布局较为完善。

在建筑设备上,手术室采用木地板、壁炉取暖、双层玻璃等,满足手术室的特殊功能要求。建筑立面为地域特色窑洞,冬暖夏凉,并有利于"隐蔽"的战时要求。

### 5.2.3 文教医疗建筑小结

#### 1. 文教医疗建筑的特色

陕北近代文教医疗建筑的技术特色可以从建筑结构、建筑装修、建筑设备三方面体现。建筑结构造型有地域特色砖石(土)窑、西式砖石结构、中式砖木结合结构,建筑装饰趋向简洁、明快,建筑设备出现地炉取暖。

陕北近代文教医疗建筑结构主要为砖石(土)窑、西式砖石结构、中式砖木结合结构。传统砖石(土)窑满足"战时"快速建造建筑的要求,同时隐蔽安全,多用在校舍、文化类型办公室及病房,如陕甘宁边区儿童保育院采用"台式"三组联排窑洞,中央医院的病房;西式砖石结构多营造开阔的建筑空间,如中共中央党校礼堂,采用砖石的拱券结构,满足对集会空间的需求;中式砖木结构多为建筑屋身为砖结构,屋顶为木结构形式,既能继承传统木建筑的风格,又体现近代建筑材料砖的防火耐用,如秀芳图书馆及中共中央管理局干休所,营造出传统特色的近代建筑特征。

陕北近代文教医疗建筑多数为砖木结构,比较符合"战时"快速建造建筑特色,建筑装饰简单。学校建筑及医院建筑的病房多为砖石(土)窑,拱券门窗,文化类型建筑及医院手术室多为砖石屋身、木屋架,砖为红砖或青砖,木构为朱红色,少数文化类型如图书馆,梁、枋有简单雕刻,甚至用砖或水泥材料做屋檐、阑额等古代建筑构件作为装饰。

陕北近代文教医疗建筑设备,尤其是医疗建筑及学校礼堂建筑设备有了较快发展,如中央医院的手术室采用壁炉采暖、双层玻璃窗户,并设洗手室。中共中央党校礼堂地下设取暖道,用地辐热方式冬天采暖,这在当时还是相对先进的。

陕北近代文教医疗建筑的建筑平面形式多样,有矩形、方形、"L"形,平面形式从传统到灵活布局,如中共中央管理局干休所平面为"L"形,将居住、娱乐、办公灵活组织,注重干休所的休闲空间的营造,摆脱传统建筑空间单调的模式。

陕北近代文教医疗建筑在政治环境、教育政策、经济及技术等多方面因素影响下,形成特有的时间、空间分布特征。陕北近代文化、教育、卫生类型建筑对于地域建筑的延续、传统建筑的发展、现代主义建筑风格的出现进行了探索和尝试,记录了陕北近代文教医疗类型建筑发展的轨迹。

#### 2. 文教医疗建筑的价值

陕北近代文教医疗建筑不仅记载建筑的历史,同时见证了近代教育、文化事业、医疗卫生的历史发展进程,尤其是在"战时"的发展历程,特殊历史时期造就陕北特殊的文、教、医疗建筑的独特历史价值。

陕北地区由于地域特殊,始终保持着自己独特的多元化融合特性,中共中央进入陕北,带来新的文化思潮,使当时建设的教育、文化、医疗类型建筑体现出一种新的文化现象,是多元文化的一种重要载体。

# 5.3　纪念性建筑

纪念性建筑系一种供人们凭吊、瞻仰、纪念用的特殊建筑或构筑物。它们大多不提供作为人们生活使用的内部空间,但为人们创造出一种新的室外环境,一种带有纪念性气氛的空间,给凭吊的人们以精神上的寄托和慰藉,如纪念碑、纪念堂、纪念亭、凯旋门、纪功柱等。[①]

1935 年中共中央进入陕北后,为纪念在"战时"及革命工作中重要的事件及牺牲的同志,建造了纪念性建筑。陕北近代纪念性建筑有两种类型:第一类是人物型纪念性建筑,其中包括陵园、墓、纪念堂、纪念碑、牌坊。第二类是事件型纪念性建筑,其中包括会议旧址及渡口旧址。

人物型纪念性建筑如刘志丹陵园、谢子长陵园、瓦子街烈士陵园、四八烈士陵园,事件型纪念性旧址如羊马河战役遗址、毛泽东东渡黄河岸口旧址、青化砭战役遗址、蟠龙战役遗址等。

### 5.3.1　纪念性建筑的空间分布

#### 1. 人物型纪念性建筑的空间分布

1935 年中共中央进驻陕北地区之后,逐步建造人物型纪念性建筑,1935—1949 年期间共建造 25 座人物型纪念性建筑,其中在子长县最早建造了谢子长墓,如表 5.7 所示。

表 5.7　陕北地区的人物型纪念性建筑建造时间表

| 时间 | 子长 | 甘泉 | 宜川 | 延安宝塔区 | 志丹 | 神木 | 府谷 | 安塞 | 清涧 | 定边 | 米脂 | 佳县 | 黄龙 | 合计 |
|---|---|---|---|---|---|---|---|---|---|---|---|---|---|---|
| 1935 年 | 1 | 1 | | | | | | | | | | | | 2 |
| 1938 年 | | | 1 | | | | | | | | | | | 1 |
| 1940 年 | | | | 1 | | | | | | | | | | 1 |
| 1942 年 | | | 1 | | | | | | | | | | | 1 |
| 1943 年 | | | | | 1 | 1 | 1 | | | | | | | 3 |
| 1944 年 | | | | 1 | 1 | | | 1 | | | | | | 3 |
| 1945 年 | | | | 2 | | | 1 | | | 1 | 1 | | | 5 |
| 1946 年 | 1 | | 1 | 1 | | | 1 | | | | | | | 4 |
| 1947 年 | | | | | | | | | 2 | | 1 | | | 3 |
| 1948 年 | | | | | | | | | | | | 1 | | 1 |
| 1949 年 | | | | | | | | | | | | | 1 | 1 |
| 小计 | 2 | 1 | 3 | 5 | 2 | 3 | 1 | 1 | 3 | 1 | 1 | 1 | 1 | 25 |

---

① 谭垣,吕典雅,朱谋隆.纪念性建筑[M].上海:上海科学技术出版社,1987.

根据表5.8统计数据可以总结出人物型纪念性建筑的分布特征:一是分布时间特征,陕北近代人物型纪念性建筑建造主要集中在1943—1947年,其中1945年建造活动达到高峰,共建造5座。这与此时间段中国共产党在陕北地区相对稳定的政治、经济局面密切相关。二是分布区域特征,如该类建筑首先集中分布在延安市,共建造5座,其次分布在宜川、神木、清涧,各建造3座共9座,分布在子长、志丹,各建造2座共4座,其余分布在甘泉、府谷、安塞、定边、米脂、佳县、黄龙,各建筑1座,共7座。这与延安市为中共中央驻扎陕北的首府有关,既有利于激励士气,又便于缅怀烈士。

**图5.8 人物型纪念性建筑列表①**

| 县(市)名 | 纪念性建筑名称 | 分布 | | 年份 | 地址 |
|---|---|---|---|---|---|
| | | 县城 | 村庄 | | |
| 延安 | 延店革命烈士陵园 | | 1 | 1945 | 枣园乡延店子村 |
| | 四八烈士陵园 | | 1 | 1946 | 河庄坪乡李家圪村 |
| | 成吉思汗纪念堂 | | 1 | 1940 | 桥儿沟乡杨家湾村 |
| | 抗日阵亡将士纪念碑 | | 1 | 1944 | 南泥湾镇马坊村 |
| | 九龙泉烈士纪念碑 | | 1 | 1945 | 南泥湾镇前九龙泉村 |
| 安塞 | 张思德牺牲纪念碑 | | 1 | 1944 | 楼坪乡石峡峪村 |
| 子长 | 谢子长墓 | | 1 | 1935 | 李家岔乡枣树坪村 |
| | 谢子长陵园 | | 1 | 1946 | 瓦窑堡镇祁家湾村 |
| 宜川 | 二战区病故官兵墓 | | 1 | 1942 | 秋林乡十里坪村 |
| | 抗日阵亡将士纪念碑 | 1 | | 1938 | 丹州镇街东 |
| | 王书勋墓 | | 1 | 1946 | 英旺乡安上村 |
| 延长 | 赵锦堂父子德教碑 | | 1 | 1945 | 冯家坪乡赵家河村 |
| 黄龙 | 瓦子街烈士陵园 | | 1 | 1949 | 瓦子街乡瓦子街村 |
| 富县 | 直罗战役烈士陵园 | 1 | | 1954 | 直罗镇宝塔山南麓 |
| 甘泉 | 劳山战役烈士墓园 | | 1 | 1935 | 劳山乡小劳山村北 |
| 志丹 | 刘志丹陵园 | 1 | | 1943 | 保安镇街北 |
| | 马海旺墓 | | 1 | 1944 | 永宁乡定边渠村 |
| 神木 | 晋绥军区后方医院烈士纪念塔 | | 1 | 1943 | 贺家川镇贺家川村 |
| | 抗战八年殉国烈士纪念塔 | | 1 | 1945 | 贺家川镇彩林村 |
| | 纪念革命烈士塔 | | 1 | 1946 | 沙峁乡王桑塔村中 |
| 府谷 | 忠烈祠 | | 1 | 1943 | 哈镇西湾村 |
| 佳县 | 刘汉荣纪念碑 | | 1 | 1948 | 康家港乡王家焉村 |

① 国家文物局.中国文物地图集.陕西分册(下)[M].西安:西安地图出版社,1998.

续 表

| 县(市)名 | 纪念性建筑名称 | 分布特征 | | 时间 | 地址 |
|---|---|---|---|---|---|
| | | 县城 | 村庄 | | |
| 米脂 | 李鼎铭陵园 | | 1 | 1947 | 桃镇桃镇村 |
| 绥德 | 李子洲墓 | 1 | | 1956 | 名州镇街 |
| 清涧 | 陈尽堂纪念碑 | | 1 | 1945 | 师家园则乡楼则塔村 |
| | 诸汉元墓 | | 1 | 1947 | 师家园则乡西沟砭村汉元山 |
| | 汉元山烈士纪念碑 | | 1 | 1947 | 师家园则乡西沟砭村汉元山 |
| 定边 | 定边烈士陵园 | | 1 | 1945 | 定边镇街 |
| 合计 | 28 | 4 | 24 | | |

#### 2. 事件型纪念性建筑的空间分布

1935—1949 期间陕北事件型纪念性建筑共有 19 座,有以下分布特征。一是时间集中在 1935 年和 1947 年,如 1935 年共建有 5 座,占总数的 26%,1947 年共建有 4 座,占总数 21%;二是地点集中在延安市,共有 5 座,其次集中在富县、横山、甘泉地区,共有 6 座。

分析事件型纪念性建筑分布特征产生的原因可知:一是与中共中央进驻陕北时间有关,1935 年是中共中央进入陕北的时间,1947 年是中共中央离开陕北的时间,初入和离开时发生"战时"事件较多,因此 1935 年和 1947 年是事件型纪念性建筑出现高峰期。二是与当时中共中央在陕北各地区的重要活动及重大战役有关,如延安市是中共中央在陕北活动重要地点,因此此在此该类建筑最多。而富县是榆林桥战役及直罗镇战役的战场,横山曾发生过白界战役及波罗起义,甘泉是中央红军与陕北红军会师地点,所以都有相应的纪念性建筑,如表 5.9 所示。

表 5.9 陕北近代事件型纪念性建筑列表[①]

| 县(市)名 | 纪念性建筑名称 | 分布 | | 年份 | 地址 |
|---|---|---|---|---|---|
| | | 县城 | 村庄 | | |
| 延安 | 幸福渠 | | 1 | 1940 | 枣园乡枣园村 |
| | 川口宣传标语 | | 1 | 1942—1944 | 枣同乡川口村 |
| | "为人民服务"演讲台旧址 | | 1 | 1944 | 枣园乡枣园村 |
| | 青化砭战役遗址 | | 1 | 1947 | 青化砭镇青化砭村 |
| | 蟠龙战役遗址 | 1 | | 1947 | 蟠龙镇 |
| | 中共中央政治局会议旧址 | 1 | | 1937 | 城区凤凰山麓南侧 |
| | 庙沟革命遗址 | | 1 | 1943—1947 | 枣园乡西庙沟村 |

---

① 国家文物局.中国文物地图集.陕西分册(下)[M].西安:西安地图出版社,1998.

续表

| 县(市)名 | 纪念性建筑名称 | 分布 | | 年份 | 地址 |
|---|---|---|---|---|---|
| | | 县城 | 村庄 | | |
| 横山 | 波罗战役旧址 | | 1 | 1868 | 波罗镇波罗堡村 |
| | 白界战役旧址 | | 1 | 1946 | 白界乡白界村 |
| | 波罗起义旧址 | | 1 | 1946 | 波罗镇波罗堡村 |
| 延川 | 红十五军团成立大会会址 | | 1 | 1935 | 永坪镇百油沟村 |
| | 红军西北先锋队成立大会旧址 | | 1 | 1932 | 永坪镇永坪村 |
| 延川 | 太相寺革命旧址 | | 1 | 1936 | 关庄乡太相寺村 |
| 子洲 | 南丰寨会议旧址 | | 1 | 1928 | 马岔乡张家岔村 |
| | 陕北特委联络点 | | 1 | 1928—1931 | 马岔乡张家岔村 |
| | 陕北特委第一次(扩大)会议 | | 1 | 1929 | 马岔乡张家岔村 |
| 甘泉 | 中央红军与陕北红军会师 | | 1 | 1935 | 道镇乡象鼻子湾村 |
| | 周恩来湫堰山遇险处 | | 1 | 1937 | 劳山乡苏家河村 |
| 清涧 | 毛泽东东渡黄河渡口旧址 | | 1 | 1936 | 高杰村乡辛关村 |
| | 枣林沟会址 | | 1 | 1947 | 石嘴驿镇枣林则沟 |
| 安塞 | 中共陕甘宁边区"二大"会议遗址 | | 1 | 1939 | 真武洞镇徐家沟村 |
| | 王家湾革命遗址 | | 1 | 1947 | 王家湾乡王家湾村 |
| 子长 | 羊马河战役遗址 | | 1 | 1947 | 余家坪乡羊马河村 |
| | 西北苏区周家硷会议旧址 | | 1 | 1935 | 李家岔想周家硷村 |
| 富县 | 榆林桥战役遗址 | | 1 | 1935 | 茶坊镇榆林桥东村 |
| | 直罗镇战役遗址 | 1 | | 1935 | 直罗镇 |
| 米脂 | 沙家店战役遗址 | | 1 | 1947 | 沙家店乡沙家店村 |
| | 西北野战军委扩大会议 | | 1 | 1948 | 杨家沟乡杨家村 |
| | "十二月会议"会址 | | 1 | 1947 | 杨家沟乡杨家村 |
| | 毛泽东东渡黄河岸口旧址 | | 1 | 1948 | 岔上乡川口村 |
| 黄龙 | 瓦子街战役遗址 | | 1 | 1948 | 瓦子街乡偏石村 |
| | 将军庙村起义旧址 | | 1 | 1946 | 红石崖乡将军庙村 |
| 佳县 | 陕北特委联络点旧址 | | 1 | 1932 | 乌镇乌龙铺村 |
| | 西北野战军迎新大会会址 | | 1 | 1947 | 刘家山乡阎家峁村 |
| 宜川 | 宜川战役遗址 | | 1 | 1948 | 丹州镇铁龙湾村 |
| | 宜瓦战役指挥所旧址 | | 1 | 1948 | 英旺乡圪背岭村 |
| 吴旗 | 吴旗镇战役遗址 | 1 | | 1935 | 吴旗镇 |

续表

| 县(市)名 | 纪念性建筑名称 | 分布 | | 年份 | 地址 |
| --- | --- | --- | --- | --- | --- |
| | | 县城 | 村庄 | | |
| 洛川 | 洛川会议革命旧址 | | 1 | 1937 | 永乡乡冯家村 |
| 绥德 | 陕北特委第三次(扩大)会议 | | 1 | 1930 | 张家砭乡五里湾村 |
| 靖边 | 小河军事会议会址 | | 1 | 1947 | 小河乡东家圪村小河村 |
| 小计 | 40 | 4 | 36 | | |

### 5.3.2 纪念性建筑典型实例

**1. 烈士纪念塔、墓冢**

(1)历史沿革。

陕北地区现存近代烈士纪念塔(碑)共有3座,均位于神木县,第一座位于贺家川镇贺家川村,是1943年9月建造的晋绥军区后方医院烈士纪念塔,此塔是为纪念后方医院去世的冯全英、冯玉梅、毛小安、李克等烈士而建;第二座位于贺家川镇彩林村,是1945年7月建造的抗战八年殉国烈士纪念塔,此塔是为纪念在抗日战争中牺牲的烈士修建,原建于黄河西岸,1982年迁至今址;第三座位于沙峁乡王桑塔村中,是1946年8月建造的革命烈士纪念塔,此塔是为纪念抗日战争时期在神府县牺牲的贺戚等80多位烈士而建。

陕北地区近代墓冢较为特殊的有黄龙瓦子街烈士墓冢。该墓冢于1949年1月21日修建,是为纪念1948年2月28日—3月1日在瓦子街战役中牺牲的任世鸿等230名烈士而建。

(2)建筑现状特征。

位于贺家川镇彩林村的抗战八年殉国烈士纪念塔建于1945年,为方尖碑式,塔高约15米,共有3层,下层及中层均为长方体,下层宽而低,中层窄而高,上层为金字塔锥形,三面开小的圆拱门洞,加强塔尖的高耸而轻盈的通透感(见图5.56)。

位于沙峁乡王桑塔村的革命烈士纪念塔建于1946年8月。方形砖石尖塔,塔分5层,高约6.72米,一、二层为石砌台阶,三、四层为砖砌长方体,最上层为砖砌梯形台状(见图5.57)。其中第四层雕刻"革命烈士纪念塔"字样,其上有砖雕,如牛、梅花等动植物样式。

图 5.56 彩林村抗战八年殉国烈士纪念塔　　图 5.57 王桑塔村革命烈士纪念塔

位于贺家川的纪念塔建于 1943 年。其中烈士纪念塔毁坏,仅剩个别烈士纪念碑,如冯全英烈士纪念碑,整块为石材雕刻,碑身为三角形,碑顶为金字塔形,简洁质朴(见图 5.58)。

黄龙瓦子街烈士墓冢群建于 1949 年。墓冢为砖砌圆柱形,其上覆圆顶,圆柱体采用砖砌线脚装饰,朴实无华(见图 5.59)。

图 5.58 冯全英烈士纪念碑 图 5.59 瓦子街烈士墓冢

**2. 忠烈祠**

(1)历史沿革。

府谷哈镇忠烈祠是抗日战争时期为纪念和祭祀"嫩江桥抗战"及转战白山黑水期间牺牲的抗日烈士而修建的。该建筑始建于 1942 年,由当时中华民国黑龙江省政府主席马占山主持修建。1944 年各设傅作义、邓宝珊题字碑 2 个。傅作义碑题"浩气长存",邓宝珊题词"碧血有痕留战垒,青山无语拜碑亭"。忠烈祠是我国最早关于抗日战争的纪念性建筑之一。

(2)建筑现状特征。

忠烈祠由祠门、左右碑亭、祠洞组成,现仅存祠洞。祠洞凿于石崖壁下,祠身为砖砌拱券门,祠顶为砖砌坡屋顶与穹隆的组合造型,祠身与祠顶用砖砌仿木构架形式,为中西合璧的建筑风格(见图 5.60)。

图 5.60 忠烈祠祠洞

**3. 刘志丹陵园**

(1)历史沿革。

刘志丹陵园位于志丹县。1936 年 4 月 11 日,红军二十八军军长刘志丹在东征的三交镇战役中牺牲,遗体安葬在瓦窑堡南门外的刘家渠山坡上,1943 年 5 月 2 日迁至志丹县。陵园中有毛泽东、朱德、周恩来等人的题词碑刻 46 处。1947 年,刘志丹陵园受到胡宗南军队破坏,1949 年后曾重修及扩建。

(2)建筑现状特征。

刘志丹陵园由钟敬之设计,面向东南,由入口、碑亭、墓冢、陵寝组成。陵园入口前用"大台阶"作为陵园与道路之间的界限,两侧台阶因势引导人员进入大门(见图 5.61)。大门为传统的牌楼形式,砖石结构,牌楼 4 柱 3 开间,中间拱形门宽而高,两侧拱形门窄而低。砖柱承托有砖斗拱的坡屋顶,牌坊正中树立"志丹陵"三个字。入口之后为砖石的拱门,采用先抑后扬的手法营造祭奠气氛(见图 5.62)。碑亭为木构歇山顶,面阔 13 米,进深 10 米,高 9 米(见图 5.63)。屋顶正脊饰有五角形,斜脊饰有火炬。碑亭之后的陵寝为砖石结构,屋顶为平屋顶,陵寝入口的三面加木构廊(见图 5.64),两侧放置名人为刘志丹的题词,烘托对英雄的缅怀。

图 5.61 刘志丹陵园大门入口

图 5.62 刘志丹陵园碑亭入口

图 5.63 刘志丹陵园碑亭

图 5.64 刘志丹陵园纪念堂

### 4. 谢子长陵园

(1)历史沿革。

谢子长陵园位于瓦窑堡镇祁家湾村。1946 年 2 月 17 日,陕甘宁边区政府将谢子长遗骨自李家岔乡枣树坪村迁葬于谢子长陵园。1947 年,陵园遭国民党胡宗南部队严重破坏,1952—1954 年重修。陵园的碑亭内有毛泽东、朱德等人的题词碑 18 处。

(2)建筑现状特征。

陵园坐北面南,由大门、纪念碑、雕塑、碑亭、纪念长廊及陈列室构成。陵园门楼为四柱三开间,砖石结构与仿木结构结合,梁、坊、雀替一应俱全(见图5.65)。石柱承托石雕的檐部,上覆坡屋顶,中间门洞高而宽,两侧门洞低而窄。大门中央树立"子长陵"三个字。门楼后是纪念塔,拾级而上,到达陵园最高位置——纪念碑。纪念碑为高约11米的方形,顶端为立方体顶,四角有刻有凹槽的小方柱装饰,柱础为三层台阶(见图5.66)。陵园四周有砖石木结合的长廊,长廊空透(见图5.67)。陵园内有八角形的碑亭,石柱木构攒尖顶,内部设有石碑(见图5.68)。陵园内部气氛凝重朴实,庄严肃穆。

图5.65 谢子长陵园入口

图5.66 谢子长陵园纪念碑

图5.67 谢子长陵园碑廊

图5.68 谢子长陵园碑亭

### 5.3.3 纪念性建筑小结

**1. 纪念性建筑的特色**

中共中央在陕北地区驻扎13年之久,陕北作为中国近代革命的策源地和根据地,这里发生过数次战役,无数人在历次战斗中牺牲。因此陕北遗留了若干近代纪念性建筑。陕北近代纪念性建筑分为人物型及事件型两种:人物型纪念性建筑如陵园、墓地等,事件型纪念性建筑如战役旧址、会师旧址及渡口等。在这些纪念性建筑中,陵园最具代表性,更能体现纪念性建筑思念、缅怀、哀悼的建筑场所精神。

从建筑空间布局、建筑材料及建筑风格三方面可以反映陕北近代纪念性建筑中烈士陵园的建筑特色:建筑空间布局多采用轴线对称布局,建筑材料为砖木石结合,建筑风格为中式传统及中西结合风格。

陵园的建筑布局特点：借鉴传统陵墓建筑布局手法，基本采用轴线对称，布置大门、纪念碑、碑亭，陵园道路一般采用尽端式布局，流线清晰。如谢子长陵园，从牌楼式入口经过三层台基的纪念碑，最终达到八角形攒尖顶的碑亭；再通过大门、纪念碑、碑亭这些建筑，打破线性空间的单调，最终营造肃穆、静谧的陵园气氛。

陵园的建筑材料多采用砖石木结合。如刘志丹陵园入口的牌坊门，下部为砖石结构，上部为木构坡屋顶，纪念碑为石材质，碑亭为石木结合，台基为石材质，木梁柱及木屋顶。

陵园的建筑风格主要有两种：中式传统风格和中西融合风格。如谢子长陵园及刘志丹陵园为中式传统风格，忠烈祠为中西融合风格。

**2. 纪念性建筑的价值**

陕北近代纪念性建筑与陕北近代建筑的其他类型比较，其特殊之处在于对"纪念性"的精神需求，更多反映了陕北近代战时人物及事件的历史文化内涵，并且与时代的价值取向有关，因此陕北近代纪念性建筑印证和记述了陕北近代时期政治、文化、经济情况和审美，建筑中蕴含着历史文化和人文精神。

陕北近代纪念性建筑在"纪念性"的建筑内涵中充分体现了对"场所"精神的追求，对"纪念性"有自己独特的处理手法。如刘志丹陵园及谢子长陵园的入口及碑亭，传统风格浓郁，在营造陵园的气氛中通过传统轴线将各纪念建筑连接，逐步达到纪念的高潮空间。在建筑风格中，除了应用传统的中式风格外，还利用西式现代主义风格，如瓦子街烈士陵园的圆柱形墓冢群及方尖碑式的贺家川镇彩林村的烈士纪念塔，质朴而简洁。

# 5.4 陕北近代名人旧居建筑

1935 年 10 月 19 日，中共中央率队进入陕北的吴旗（今吴起），1948 年 3 月离开陕北，在此期间陕北地区是陕甘宁政府的所在地，是近代中国发展史中较重要的地区，保留了近代特有的战时建筑，其中名人旧居建筑是现存数量最多、最具代表性的居住类型建筑。

## 5.4.1 名人旧居建筑的空间分布

笔者对陕北各地区地方史志进行梳理总结，初步核查了近代陕北地区名人旧居的数量和位置，依照居住时间在一个月以上的标准，统计出陕北地区共有名人旧居 46 座。

由表 5.10 的统计数据可以看出，名人旧居在陕北地区时空分布上的特征。一是集中在延安地区宝塔区、子长县、米脂县、志丹县、吴起县（吴旗），其中宝塔区 19 座，志丹 6 座，子长 5 座，吴起（吴旗）4 座，米脂 3 座；二是多数分布在村庄，其余分布在县及乡镇，其中 29 座分布在村庄，13 座分布在县城，4 座分布在乡镇。

陕北中共名人旧居呈现出上述分布特征，与以下因素有关：一是与中共中央在陕北各区域的革命活动时间长短有关，例如中共中央在延安宝塔区驻扎时间最长，从 1937—1947 年，而在子长、米脂、志丹及吴起的时间相对较短；二是与"战时"的社会政治背景有关，受当时国内政治局势动荡影响，选择居所要偏重安全性，而农村是当时作为隐蔽地点的最佳选择。

**表 5.10　陕北近代名人旧居分布表**[①]

| 区县名 | 旧居名称 | 位置 | | | 小计 | 地　址 |
| | | 县 | 镇 | 村 | | |
|---|---|---|---|---|---|---|
| 延安 | 李家毛泽东旧居 | 1 | | | 4 | 城区凤凰山 |
| | 吴家窑毛泽东旧居 | 1 | | | | 城区凤凰山 |
| | 朱德、周恩来旧居 | 1 | | | | 城区凤凰山 |
| | 史沫特莱旧居 | 1 | | | | 城区凤凰山 |
| | 林伯渠旧居 | 1 | | | 1 | 城区南关草场山 |
| 宝塔 | 毛泽东旧居 | | | 1 | 13 | 桥沟乡王家坪村 |
| | 朱德旧居 | | | 1 | | 桥沟乡王家坪村 |
| | 叶剑英旧居 | | | 1 | | 桥沟乡王家坪村 |
| | 毛泽东旧居 | | | 1 | | 桥沟乡杨家岭村 |
| | 朱德旧居 | | | 1 | | 桥沟乡杨家岭村 |
| | 周恩来旧居 | | | 1 | | 桥沟乡杨家岭村 |
| | 刘少奇旧居 | | | 1 | | 桥沟乡杨家岭村 |
| | 毛泽东旧居 | | | 1 | | 枣园乡枣园村 |
| | 周恩来旧居 | | | 1 | | 枣园乡枣园村 |
| | 刘少奇旧居 | | | 1 | | 枣园乡枣园村 |
| | 朱德旧居 | | | 1 | | 枣园乡枣园村 |
| | 任弼时旧居 | | | 1 | | 枣园乡枣园村 |
| | 张闻天旧居 | | | 1 | | 枣园乡枣园村 |
| | 南泥湾毛泽东旧居 | | 1 | | 1 | 南泥湾镇麻洞川 |
| 子长 | 中山街毛泽东旧居 | 1 | | | 5 | 瓦窑堡中山街 |
| | 前河滩毛泽东旧居 | 1 | | | | 瓦窑堡前河滩 |
| | 刘少奇旧居 | 1 | | | | 瓦窑堡镇铁狮子巷 |
| | 谢子长故居 | | | 1 | | 李家岔乡枣树坪村 |
| | 谢子长旧居 | | | 1 | | 李家岔乡灯盏湾村 |
| 志丹 | 刘志丹故居 | | | 1 | 6 | 金鼎乡金汤村 |
| | 刘志丹旧居 | | | 1 | | 金鼎乡楼子沟村 |
| | 斯诺旧居 | 1 | | | | 保安镇街 |
| | 毛泽东旧居 | 1 | | | | 保安镇旧街中部 |
| | 周恩来旧居 | 1 | | | | 保安镇旧街中部 |
| | 张国焘旧居 | 1 | | | | 保安镇旧街中部 |

---

① 国家文物局主编. 中国文物地图集. 陕西分册(上)(下)[M].西安:西安地图出版社,1998.

续 表

| 县名 | 旧居名称 | 位置 | | | 小计 | 地 址 |
|---|---|---|---|---|---|---|
| | | 县 | 镇 | 村 | | |
| 吴旗 | 毛泽东旧居 | | | 1 | 4 | 吴旗镇砚洼山麓 |
| | 张闻天旧居 | | | 1 | | 吴旗镇砚洼山麓 |
| | 宗湾周恩来旧居 | | | 1 | | 吴旗镇宗湾子村 |
| | 袁家沟毛泽东旧居 | | | 1 | | 高杰村乡袁家沟村 |
| 安塞 | 真武洞毛泽东旧居 | | 1 | | 1 | 真武洞镇街 |
| 黄龙 | 彭德怀旧居 | | 1 | | 1 | 石堡镇街 |
| 延长 | 延长镇毛泽东旧居 | 1 | | | 3 | 延长镇西门上崖砭 |
| | 段家河毛泽东旧居 | | | 1 | | 刘家河乡后段家河村 |
| | 彭德怀旧居 | | | 1 | | 交口镇交口村 |
| 甘泉 | 下寺湾毛泽东旧居 | | | 1 | 1 | 下寺湾乡下寺湾村 |
| 米脂 | 毛泽东旧居 | | | 1 | 5 | 杨家沟乡杨家村 |
| | 周恩来旧居 | | | 1 | | 杨家沟乡杨家村 |
| | 任弼时旧居 | | | 1 | | 杨家沟乡杨家村 |
| 清涧 | 徐家沟毛泽东旧居 | | | 1 | | 下廿铺乡徐家沟村 |
| | 双庙河毛泽东旧居 | | | 1 | | 双庙河乡双庙河村 |
| 绥德 | 刘家川贺龙旧居 | | | 1 | 1 | 中角乡刘家川村 |
| 横山 | 刘志丹旧居 | | | 1 | 1 | 石窑沟乡石窑沟村 |
| 佳县 | 佳县城毛泽东旧居 | | 1 | | 1 | 佳芦镇南街 |
| 合计 | | 13 | 4 | 31 | 48 | |

*(县名"榆林"纵跨甘泉、米脂、清涧、绥德、横山、佳县各行)*

### 5.4.2 名人旧居建筑典型实例

1935 年中共中央到达陕北,1948 年离开陕北,是中国近代史的"战时",国内多数近代建筑活动基本停滞,陕北地区此时却因为中共中央的到达,开始了陕北近代建筑的建设高潮。陕北近代名人旧居为中国共产党领导人的住所,这些住所有的是为了工作、生活由政府征收或租赁,直接入住,有的则是进行改建,还有的是新建,充分体现了"战时"背景下的名人居所的建筑特点。

**1. 米脂杨家沟毛泽东、周恩来、任弼时等旧居**

(1)历史沿革。

米脂杨家沟有毛泽东、周恩来、任弼时等旧居,1947 年 11 月 22 日—1948 年 3 月 21 日,毛泽东、周恩来、任弼时等居住于此。其间,毛泽东撰写了《目前形势和我们的任务》等 11 篇文章及党内文件若干,并主持召开了中共中央"十二月会议"。周恩来主持召开了中共西北局高级干部扩大会议,并做了报告。

(2)建筑现状特征。

旧居位于半山腰上,现存中西结合的砖木拱形窑,另有防空洞1个。窑洞坐北朝南,平面布局凹凸有致,打破传统窑洞直线形布局(见图5.69)。建筑立面造型采用西式的柱式,柱式高于窑洞的女儿墙,加强立面的垂直线条(见图5.70)。窑洞的挑檐石造型采用云纹及龙纹,大胆而别致(见图5.71)。披檐采用传统的木构,兼具雨棚作用。建筑立面除了传统的拱形窑脸外,还增设双圆心拱的门窗(见图5.72),造型挺拔独特。旧居旁边设置防空洞,可方便疏散(见图5.73),同时在防空洞内设置作战室(见图5.74),充分考虑战争指挥的私密及安全特征。

图 5.69 米脂杨家沟毛泽东、周恩来等旧居远景

图 5.70 米脂杨家沟毛泽东、周恩来等旧居

图 5.71 米脂杨家沟毛泽东旧居挑檐

图 5.72 米脂杨家沟毛泽东旧居窗户

图 5.73 米脂杨家沟旧居防空洞

图 5.74 米脂杨家沟旧居防空洞内部

**2. 保安名人旧居**

(1)历史沿革。

保安名人旧居包括毛泽东旧居、周恩来旧居、张闻天旧居、张浩旧居等。均系石窑,毛泽东在此签署发布《中华苏维埃政府对哥老会宣言》,并多次会见采访西北苏区的美国记者埃德加·斯诺。毛泽东在此撰写了《中国革命战争的战略问题》《关于蒋介石声明的声明》等重要文章。毛泽东还和其他中央领导一起,制定和平解决西安事变的方针,促进第二次国共合作的实现。

(2)建筑现状特征。

旧居最大的特点是因地制宜,依山开凿,建筑布局通过高差分为上、下两部分(见图5.75)。因凿山而开设门窗洞口,所以门窗洞口的开启较为随意,同周围环境相得益彰(见图5.76)。充分利用岩石的坚固特性,将其巧妙地凿为雨棚(见图5.77)。在房间内部的设计上也颇具匠心,如利用土坯可塑性强的优点,营造室内空间变化(见图5.78)。房间的门窗开设注重光影效果(见图5.79)。同时,在套间开设洞口,不仅方便通风采光,而且可以加强房间之间的水平联系(见图5.80)。

图 5.75　志丹名人旧址远景

图 5.76　志丹名人旧址立面

图 5.77　志丹名人旧居雨棚

图 5.78　志丹名人旧居室内装饰

图 5.79　志丹名人旧居室内

图 5.80　志丹名人旧居室内开洞

### 3. 凤凰山麓名人旧居

（1）历史沿革。

凤凰山麓名人旧居是 1937 年 1 月中共中央到达陕北的第一个驻地。毛泽东、周恩来、朱德、刘伯承等居住在凤凰山，红军总参谋部、作战研究室等中央机要部门也驻扎在此。在此居住期间，毛泽东起草了《实践论》《矛盾论》《论持久战》等重要著作，并在此接见过白求恩、英国记者贝特兰等人。

（2）建筑现状特征。

毛泽东旧居为前房后窑的四合院，入口设置在院落的东南侧，大门前方设有照壁，院落中轴线对称，分为正窑房、厢房。正窑为三孔石窑，窑脸开设满樘大窗，气窗的窗格为传统的菱形图案。陕北冬季寒冷，气窗下面做成平开的木挡板，兼具采光和保暖双重作用。正窑为双圆心拱，为满足居住、办公及会客需要，三孔窑洞连通，方便使用。工作人员居住东西厢房。

朱德旧居、周恩来旧居也为前房后窑的四合院，入口设置在院落的东北侧，院落由正窑和东西厢房组成，朱德居住在靠南边窑洞，周恩来居住在靠北边窑洞，中间为会客厅，工作人员居住东西厢房。窑洞为砖石结构，块石发券成拱，窑顶用镂花砖砌女儿墙，披檐为覆瓦。窑洞正中为门连窗，窗格为菱形画格。东西厢房为砖木结构，屋顶为悬山顶。

### 4. 枣园毛泽东旧居

（1）历史沿革。

枣园位于延安城西 7.5 千米处的枣园村，毛泽东于 1943 年 5 月—1946 年 12 月在此居住，期间写下了《学习和时局》《论联合政府》《关于重庆谈判》等文章，并在此接见过美国特使赫尔利等人。

（2）建筑现状特征。

毛泽东旧居院落前方有一个土砌木顶的六边形岗楼（见图 5.81）。院内为一排坐北面南的 5 孔石窑，窑洞为双圆心拱块石发券，门窗的中央采用象征中国共产党的五角形图案（见图 5.82）。披檐为片石搭接，上用花砖砌筑女儿墙。院内还建有攒尖木构小凉亭（见图 5.83），亭内有石桌凳。为适用"战时"紧急情况，院内建有防空洞（见图 5.84）。

图 5.81　枣园毛泽东旧居入口　　　　　图 5.82　枣园毛泽东旧居立面

陕北特有的自然地理特征和中共中央进驻陕北这一特殊的历史原因，共同造就了陕北近代名人居所的特点。名人旧居一部分为改建原有的住宅，一部分为新建住宅，具有鲜明的战时特征。旧居注重防御功能，一般均设置防空洞，以适应战时特殊情况。

图 5.83　枣园毛泽东旧居凉亭　　　　图 5.84　枣园毛泽东旧居防空洞

### 5.4.3　名人旧居建筑小结

#### 1. 旧居建筑的特点

陕北地区的名人居所受战时环境影响,军民一起改造建设,在保留本地特有的建筑特色的同时,又进行功能布局、建筑立面上的新尝试,体现出融合创新的时代特点。旧居与陕北建筑一样,表现出在地域文化、传统文化、西方文化交融下多元化的特征,如多采用当地地域建筑——窑洞,在建筑立面细节上则出现西化的"外廊式",体现出多元化融合的文化特点。

#### 2. 旧居建筑的价值

1935 年中共中央进驻陕北,给陕北地区留下了不可磨灭的历史记忆,也留下许多战时的居住建筑,这些旧居记载了中国共产党领导人的工作及生活,见证了中国新民主主义革命的历史进程,承载了革命老区辉煌而厚重的历史记忆,具有重要的历史价值。

# 5.5　工业建筑

1935—1948 年是中共中央驻扎陕北地区的时期,陕北地区工业在行业类型、数量和设备上都得到较快发展。工业类型有军事工业、纺织业、石油煤炭工业、化学工业、造纸工业,在数量上从少到多,设备日趋完善。陕北近代工业建筑也呈现出从无到有,从小到大的发展过程。

### 5.5.1 工业建筑的空间分布

**1. 军事工业建筑空间分布**

近代自中共中央驻扎陕北之后,陕北的军事工业建筑迅速增长。1935—1949 年陕北军工厂的布局具备以下特点(见表 5.11):

一是兵工厂多数分布在延安,如延安的柳树店、马家沟、大砭沟及温家沟地区。其余分布在安塞、志丹及子长,如安塞的茶坊镇、志丹县的何家岔及子长的瓦窑堡,这些地区紧靠延安,兵工厂以延安为辐射中心分布。兵工厂的位置安排不但考虑到中共中央驻地中心(延安地区)的安全因素,还考虑到军需产品的运输。

二是军工厂均布局在延安、安塞、志丹及子长的沟谷地带,如延安的柳树店、马家沟、大砭沟、温家沟,安塞的茶坊镇,志丹县的何家岔,这些地方均是沟谷地带,人烟稀少,较为偏僻,有利于于兵工厂的隐蔽及兵工产品的安全生产。

三是军工厂迁移频繁,如红军兵工厂、军工局一厂、军工局二厂、兵工厂均不断转移及重建,随战争形势的紧急或稳定,兵工厂流动或强或弱。

1935—1949 年,陕北地区战时工业主要为保障抗战及国内战争的物质基础,产业结构很难系统地规划,"工厂根据陕甘宁政府的需要而生产"[①]。工业生产不是从经济效益考虑,而是受战时资金、技术及机器设备的限制。这段时间陕北地区工业规模较小,生产能力有限。

**表 5.11　1935—1949 年陕北地区军工厂分布表**[②③]

| 军工厂名称 | 时间 | 地点 | 其他 |
| --- | --- | --- | --- |
| 红军兵工厂 | 1935 | 延川永坪镇 | 延川永坪镇—吴起柳河湾—延安柳树店 |
| 军工局一厂东厂 | 1938 | 安塞茶坊镇 | 延安马家沟—安塞县茶坊镇—延安大砭沟 |
| 军工局一厂西厂 | | | |
| 军工局二厂 | 1939 | 延安大砭沟 | 延安大砭沟—志丹何家岔 |
| 军工局三厂 | 1941 | 延安大砭沟 | 延安大砭沟 |
| 留守兵团第一兵工厂 | 1942 | 延安温家沟 | 延安温家沟 |
| 兵工厂 | 1946 | 子长瓦窑堡 | 子长瓦窑堡—山西临县—西安 |

**2. 纺织工业建筑空间分布**

1935 年前,陕北纺织业多为木质的纺车纺纱织成土布。自 1935 年中共中央进入陕北地区后,开始大规模种植棉花,养蚕,养羊,为纺织业提供了原料基础,从机关、部队、学校抽调大量人员成立纺织厂。纺织厂发展较为迅速,纺织业成为陕北近代工业发展的支柱产业[④]。

---

① 陕甘宁边区抗日民主根据地西北五省区编纂领导小组.陕甘宁边区抗日民主根据地文献卷:下[M].北京:中共党史资料出版社,1990.

② 武衡.抗日战争时期解放区科学技术发展史资料(第一辑)[M].北京:中国学术出版社,1983.

③ 阎庆生,黄正林.陕甘宁边区经济史研究[M].兰州:甘肃人民出版社,2002.

④ 严艳.陕甘宁边区经济发展与产业布局研究(1937—1950)[D].西安:陕西师范大学,2005.

从表 5.12 可以看出,近代纺织厂在陕北地区分布上的差异。首先陕北近代纺织厂主要集中在绥德、延安、安塞,绥德有纺织厂 5 个,延安有纺织厂 2 个,安塞有纺织厂 2 个;其次延安、安塞的纺织厂尽管数量少,但规模均较大,如安塞的难民纺织厂是陕北第一大纺织厂,安塞的边区纺织厂(又称团结纺织厂)是陕北第二大纺织厂。

**表 5.12　1935—1949 年陕北地区纺织厂分布表①②③④⑤**

| 地　区 | 县　名 | 名　称 | 小　计 |
|---|---|---|---|
| 延安 | 延安市 | 交通纺织厂 | 2 |
| | | 大光纺织厂 | |
| | 安塞县 | 难民纺织厂 | 2 |
| | | 边区纺织厂(团结工厂) | |
| | 佳县 | 八路军一二师纺织厂 | 1 |
| 榆林 | 绥德县 | 团结纺织厂 | 5 |
| | | 新华纺织厂 | |
| | | 大昌纺织厂 | |
| | | 新民工厂 | |
| | | 新华工厂 | |
| | | 庆和织布厂 | 2 |
| | | 白家沟织绸厂 | |
| | 清涧县 | 清涧纺织厂 | 1 |
| | 米脂县 | 万合毛织厂 | 1 |
| | 定边县 | 新寨毛织厂 | 1 |
| | 神府县 | 神府难民纺织厂 | 1 |
| | 神木县 | 神木县私人织布厂 | 1 |
| | 三边 | 纬华毛织厂 | 1 |
| 合计 | | | 18 |

陕北近代纺织厂的布局,与纺织业在陕北的发展历史是相关的。绥德、安塞、肤施均是陕北地区的棉花种植区,纺织厂的分布与原材料产地位置密切相关。此外,绥德是陕北地区的老纺织中心,因此绥德地区纺织厂的数量较多。而延安市是中共中央驻陕北时期的经济、政治中心,安塞县紧邻延安市,所以安塞县、延安市纺织厂的规模较大。

①　陕甘宁边区财政经济史编写组,陕西省档案馆.抗日战争时期陕甘宁边区财政经济史料摘编(第三编:工业交通)[M].西安:陕西人民出版社,不详.
②　武衡.抗日战争时期解放区科学技术发展史资料(第五辑)[M].北京:中国学术出版社,1986.
③　王致中.抗日战争时期的西北城市工业[J].兰州学刊,1989(3):73 - 78.
④　张水良.抗日战争时期陕甘宁边区的公营工业[J].中国社会经济史研究,1988(4):90 - 96.
⑤　陈玉姣.抗战时期陇东分区的农村经济[J].开发研究,2000(3):63 - 65.

**3. 石油、煤炭、炼铁业建筑空间分布**

陕北地区石油蕴藏量较为丰富,从延安到延长,岩石构造自东向西倾斜,油层东浅而西深。但由于技术条件和资金的限制,1935年前仅开采了延长油田。中共中央在陕北期间,修整了原有的延长石油厂,恢复并新增部分油井。石油加工炼制厂集中在延长县[①],增设了分厂,设在延川的永坪。但由于开采设备、技术及储备条件的限制,以及对石油的需求量有限,因此陕北近代石油工业发展缓慢。

1935年前,陕北少数地区用土法小煤窑开采。中共中央驻扎陕北期间,增加煤井,加大煤的出产量。但是在技术、资金缺乏的情况下开采,产量受到极大的限制。1941年起,延安煤炭基本能自给自足。

由表5.13可以看出,近代矿井在陕北地区分布上的差异。陕北近代矿井主要集中在延安、子长、子洲及甘泉,如延安有矿井4个,子长有矿井3个,子洲有矿井3个,富县有矿井2个。各县区煤矿的产煤量从多到少依次是子洲、延安、米脂、子长、富县、甘泉。陕北地区矿井分布及产煤量,与煤层的分布、厚度及质量密切相关。

**表 5.13　1935—1949 年陕北地区煤区分布表[②]**

| 地　区 | 县(市)名 | 煤矿矿井名称 | 月产量(万斤) | 小计 |
|---|---|---|---|---|
| 延安 | 延安市 | 朱家沟 | 180 | 4 |
| | | 白家岩 | 60 | |
| | | 蟠龙 | 60 | |
| | | 丰富川 | 60 | |
| | 子长县 | 瓦窑堡 | 42 | 3 |
| | | 杨家园子 | 36 | |
| | | 王家湾 | 18 | |
| | 富县 | 张村驿 | 10 | 2 |
| | | 牛武镇 | 3 | |
| | 甘泉县 | 凹店子 | 3 | 3 |
| 榆林 | 子洲县 | 马蹄沟 | 503.9 | 3 |
| | | 三川口 | 不详 | |
| | | 驼耳巷 | 不详 | |
| | 米脂县 | 乌镇 | 285.9 | 1 |
| 小计 | | | | 16 |

---

① 延长县地方志编撰委员会. 延长县志[M]. 西安:陕西人民出版社,2001.

② 陕西省档案馆,陕西省社会科学院. 陕甘宁边区政府文件选编(第十一辑)[M]. 北京:档案出版社,1991.

陕北近代炼铁工业发展规模较小,产品主要为生铁、毛铁,以日用品及农具为主,如锅、犁等。陕北地区的铁矿主要分布在延安、子长、甘泉等地,大多数属于贫铁矿,铁矿含铁量平均为30%左右。根据表5.14可知陕北的铁厂的分布。陕北近代铁厂多为1942年以后建设,其分布特征与当地煤炭资源分布密切相关。

**表 5.14　1935—1949 年陕北地区铁厂分布表①②③④**

| 铁厂名称 | 年份 | 地点 |
| --- | --- | --- |
| 边区第一铁厂 | 1942 | 延安大砭沟 |
| 贺龙第一铁厂 | 1943 | 子长县 |
| 甘泉铁厂 | 1943 | 甘泉 |
| 西北铁厂 | 1944 | 子长瓦窑堡 |

#### 4. 化学工业建筑空间分布

陕北近代的化学工业包括基本化学工业、陶瓷、玻璃、肥皂、制革、制药、火柴等⑤。陕北地区的陶瓷工业和火柴工业产品数量较低、品种较少、规模小,而肥皂厂、制革厂、医药厂、化学厂、陶瓷厂等生产的产品数量相对多、规模较大。

由表5.15可以看出,陕北近代化学工业厂在陕北地区分布上的特点。首先化学工业厂的门类较多,有医药、制革、肥皂、基本化学、玻璃、陶瓷、火柴等;其次多数分布在延安,仅少数分布在安塞,如新华制革厂、紫芳沟化学厂。

陕北近代化学工业厂的工业门类复杂,是因为对化学产品的需求量大。化学工业多数集中在延安附近,是由于延安是当时陕北的经济、技术的优越地区,人口较集中,有利于生产及销售。少数未分布在延安的化学厂又各有特点,如紫芳沟化学厂位于有军事工业基地的安塞紫芳沟,新华制革厂靠近畜牧业较发达的安塞。

#### 5. 造纸厂、印刷厂建筑空间分布

建于1937年的振华纸厂是陕北最早的造纸厂。马兰草造纸成功后,陕北的造纸业发展迅速,涌现出数量不少的造纸厂,印刷厂也飞速发展。

由表5.16可以看出,近代纸厂在陕北地区分布上的差异。首先陕北近代纸厂主要集中在延安、甘泉,如延安有纸厂4个,甘泉有2个,其余分布在安塞、绥德、子长、米脂;其次各地区纸厂的产纸量从多到少依次是甘泉、安塞、延安、绥德、富县、子长、米脂。

① 武衡.抗日战争时期解放区科学技术发展史资料(第一辑)[M].北京:中国学术出版社,1983.
② 武衡.抗日战争时期解放区科学技术发展史资料(第五辑)[M].北京:中国学术出版社,1986.
③ 张水良.抗日战争时期陕甘宁边区的公营工业[J].中国社会经济史研究,1988(4):90－96.
④ 延安市地方志编撰委员会.延安地区志[M].西安:西安出版社,2000.
⑤ 梁严冰.20世纪50年代以来陕北经济变迁研究[D].西安:西北大学,2011.

表 5.15　1935—1949 年陕北地区化学厂分布表①②③④

| 化学厂名称 | 年　份 | 类　型 | 小　计 |
|---|---|---|---|
| 八路军制药厂 | 1938 | 医药 | 赤水—延安 |
| 八路军卫生材料厂 | 1939 | | 并入八路军制药厂 |
| 光华制药厂 | 1939 | | 安塞—延安 |
| 新华制革厂 | 1938 | 制革 | 志丹—安塞 |
| 后勤制革厂 | 1939 | | 延安 |
| 新华化学厂 | 1940 | 肥皂 | 延安桥儿沟 |
| 大光肥皂厂 | 1940 | | 延安南泥湾 |
| 紫芳沟化学厂 | 1942 | 基本化学 | 延安安塞 |
| 边区玻璃厂 | 1943 | 玻璃 | 延安 |
| 延安光华陶瓷厂 | 1943 | 陶瓷 | 延安桥儿沟 |
| 延安火柴厂 | 1945 | 火柴 | 延安 |

表 5.16　1935—1949 年陕北地区造纸工业分布表⑤⑥

| 地　区 | 县(市)名 | 名　称 | 年产纸/令 |
|---|---|---|---|
| 延安 | 延安市 | 延园纸厂 | 780 |
| | | 宝丰纸厂 | 216 |
| | | 大光纸厂 | 15 |
| | | 金盆湾纸厂 | 148 |
| | | 中央印刷厂 | 不详 |
| | | 光华印刷厂 | 不详 |
| | 甘泉县 | 振华分厂 | 2 089 |
| | | 清泉沟纸厂 | 50 |
| | 安塞县 | 振华总厂 | 1 294 |
| | 子长县 | 新兴纸厂 | 90 |
| | 富县 | 利华纸厂 | 230 |
| 榆林 | 绥德县 | 绥德纸厂 | 637 |
| | 米脂县 | 民生纸厂 | 不详 |

① 陕甘宁边区财政经济史编写组,陕西省档案馆.抗日战争时期陕甘宁边区财政经济史料摘编(第三编:工业交通)[M].西安:陕西人民出版社,不详:215-334.

② 武衡.抗日战争时期解放区科学技术发展史资料(第二辑)[M].北京:中国学术出版社,1984:185,188,195,196.

③ 武衡.抗日战争时期解放区科学技术发展史资料(第五辑)[M].北京:中国学术出版社,1986:167-182.

④ 南开大学历史系.中国抗日根据地史国际学术讨论会论文集[C].北京:档案出版社,1985:343-363.

⑤ 陕甘宁边区财政经济史编写组,陕西省档案馆.抗日战争时期陕甘宁边区财政经济史料摘编(第三编:工业交通)[M].西安:陕西人民出版社,不详:215.

⑥ 延安市地方志编撰委员会.延安地区志[M].西安:西安出版社,2000:360-365.

以上分布分析其原因,一是延安是陕北的政治、文化活动中心,重要的报纸杂志多数在延安印刷出版,因此造纸厂主要分布在延安及延安周边;二是受原料分布及周边自然环境的影响较大,如"甘泉洛河川山沟水源充分、原料丰富"[1],甘泉的振华分厂建设规模比延安总厂规模大两倍,这也是陕北各地区产纸总量多寡的主要原因。

陕北纸厂数量及产量的提高加速了印刷厂的发展,根据表 5.17 可知,陕北近代印刷厂主要分布在延安、安塞,此与纸厂的分布关系密切。

**表 5.17　1935—1949 年陕北地区印刷厂分布表[2]**

| 地区 | 县(市)名 | 名称 | 小计 |
|---|---|---|---|
| 延安 | 延安市 | 中央印刷厂 | 1 |
| | | 光华印刷厂 | 1 |
| 榆林 | 安塞县 | 八路军印刷厂 | 1 |
| | 绥德县 | 抗敌印刷厂 | 1 |
| | 神木县 | 晋绥边区印币厂 | 1 |
| 小计 | | | 5 |

1935—1947 年中共中央驻扎陕北,陕北地区的工业首先是满足中共中央政府和军队需求,其次是促进经济发展,改善陕北人民的生活。因此陕北地区工业类型中以重工业的军事工业、轻工业中的纺织工业为主,以造纸业、化学工业等其他工业为辅,具有较强的战时特征。

由表 5.18 可以看出陕北近代工业建筑的分布特征。首先各工业类型在延安均有分布;其次延安地区的工业建筑布局以延安为中心,逐步向延安周边辐射,榆林地区的工业布局以绥德为中心。工业建筑如军工厂、化学厂,地址屡有变化,变动性和流动性较强。

**表 5.18　1935—1949 年陕北地区工业建筑综合分布表**

| 工业建筑类型 | 分布地区 |
|---|---|
| 军事工业 | 延安市、安塞、志丹 |
| 纺织工业 | 延安市、安塞、绥德 |
| 石油工业 | 延长、延川 |
| 煤炭工业 | 延安市、子洲、米脂、子长 |
| 炼铁业 | 延安市、子长、甘泉 |
| 化学工业 | 延安市、安塞 |
| 造纸工业 | 延安市、甘泉、安塞、绥德 |
| 盐业 | 定边 |

---

① 武衡. 抗日战争时期解放区科学技术发展史资料(第二辑)[M]. 北京:中国学术出版社,1984:320.

② 陕甘宁边区财政经济史编写组,陕西省档案馆. 抗日战争时期陕甘宁边区财政经济史料摘编(第三编:工业交通)[M]. 西安:陕西人民出版社,不详:48—55.

1935—1947 年,陕北近代工业建筑分布特征产生的主要原因如下:首先,延安为中共中央在陕北的首府,具备政治、经济、人力及技术资源的优势,因此成为当时陕北的工业发展中心点;其次,由于当时政治局势动荡,各工厂布局时有变化,因此从原有以延安为单中心,迅速发展为延安周边的多中心,在延安外围县,如安塞、绥德、子长、甘泉形成次级中心;再次,特殊的国内战争时期,工业建筑屡有变化及搬迁。

这种战时经济具有以下特征:首先各工业结构复杂并互相影响,如军事工业与化学工业、纺织工业及机械工业相互影响;其次各工业流动性较强,根据战时情况不断撤离及重建;再次,各工业部门对地方资源依赖性强,工业部门选择考虑土地资源、矿产资源、植被资源及水资源等。

中国近代社会震荡剧烈,国内工业发展缓慢,在多数区域经济普遍内卷的情况下,陕北地区因中共中央的驻扎,达到有史以来工业化的最高水平。陕北地区的工业发展从无到有,建立起以重工业的军事工业、轻工业的纺织业为主,以化学工业、造纸业等为辅的体系,基本实现工业品的自给,发展了陕北地区经济,支援了抗日战争及解放战争。同时由于战时经济性质,陕北的区域经济总体水平较低,产业结构的转化能力和应变能力有限,因此当中共中央撤离之后,陕北近代工业发展基本停滞。

### 5.5.2 工业建筑典型实例

这种战时工业背景,塑造了陕北近代工业建筑的特点。工业建筑多采用改建,沿袭陕北传统木构或是乡土窑洞建筑的形式,只是在建筑功能上进行相应改造。1946 年胡宗南占领延安,1947 年中共中央撤离陕北,陕北地区暂失中共中央的政治、经济及技术上的支持。1947—1949 年,陕北的军工厂多数随中共中央转移,以延安为经济增长极的纺织厂、石油厂、煤炭厂、炼铁厂、化学厂、造纸厂等处于凋敝停滞的状态。陕北近代工业发展速度急剧下降,厂房废弃或转为他用。

**1. 军事工业建筑实例**

**(1)陕甘宁边区机器厂**

历史沿革:陕甘宁边区机器厂的前身是随中央红军长征到达陕北的红军兵工厂,厂址先后设在子长县十里铺村、延川永坪镇、吴旗县刘河湾村和延安柳树店村。1938 年 3 月,迁至安塞县茶坊村。陕甘宁边区机器厂分设机器制造部、机械修理部,制造部主要生产车床、铣床、刨床、砂轮机、六角车床、螺旋压力机和弹簧锤等机器,修理部主要改装研制枪支,该厂成功研制了无名式马步枪、60 毫米口径掷弹筒、氯酸钾等,并改装成功高射机枪。

1942 年,陕甘宁边区机器厂改建为工艺实习厂,工厂进行了大规模的技术革新,如改进了造炮弹的专用机器,大力支持了军队的兵工事业。1947 年初,该厂随中共中央撤离茶坊村,前往华北解放区。陕北现存石凿机房及部分窑洞。

建筑现状特征:陕甘宁边区机器厂的前身为子长县兵工厂,兵工厂为石凿窑洞(见图5.85)。后迁至安塞县茶坊村,由石凿窑洞机房和宿舍窑洞构成(见图 5.86)。考虑到机房的噪音和隐蔽等要求,机房设置在山体之内(见图 5.87)。机房需要运输大型的机床,在石凿的机房入口及室内崖壁凿洞,便于安设滑轨运输(见图 5.88)。机房内部空间划分为三个套窑,大空间放置大型加工机器,两个小空间可储存机器配件(见图 5.89)。为了增加石窑内部的美观性,在石窑顶部凿出凹凸有致的莲花图案(见图 5.90)。针对机器厂生产及吊装机床,厂房顶部需要承受较大的荷载和承重,以及防震减噪,注重"战时"安全等要求,凿山为厂房,体现战时工业建筑特点。

图 5.85　子长县兵工厂旧照

图 5.86　陕甘宁边区机器厂旧照

图 5.87　陕甘宁边区机器厂石窑内旧照

图 5.88　陕甘宁边区机器厂石窑外立面

图 5.89　陕甘宁边区机器厂石窑内部

图 5.90　陕甘宁边区机器厂石窑顶部

(2)佳县牸牛沟修械所

历史沿革:1940 年 5 月,晋绥军区将 120 师的修械所与工人武装自卫旅修械所合并,在佳县牸牛沟扩建为 120 师修械所,后称晋西军区后勤部修械所。修械所组建后,于 1945 年 3—4 月改进日式 50 毫米掷弹筒,成功研制"鼎龙"式掷弹筒。1944 年 10 月,晋绥军区后勤部工业部成立,该厂被命名为晋绥军区后勤部工业部一厂。1946 年,该厂诞生"向应式"半自动步枪,共生产 6 支。1947 年,该厂随中共中央撤离陕北。

建筑现状特征:佳县牸牛沟修械所为砖石窑洞,坐北朝南共三层,一、二层为石砌,三层为砖砌(见图 5.91)。修械所主入口位于一层中间(见图 5.92),为半圆石砌拱券,通过"L"形石砌台阶进入二层(见图 5.93)。二层共设置 3 处石砌楼梯,位于二层中间及东西两端(见图 5.94)。二层石窑内部通过券洞相连(见图 5.95),方便转送器材,同时二层设置夹层,储备防爆的工业原材料(见图 5.96),并设楼梯通向地下防空洞,体现军工厂的保密安全特点。第三层砖窑主要为职工宿舍(见图 5.97),在东西两端设置楼梯(见图 5.98)。

图 5.91 佳县牸牛沟修械所旧照

图 5.92 佳县牸牛沟修械所入口

图 5.93 佳县牸牛沟修械所一二层楼梯

图 5.94 佳县牸牛沟修械所二层立面

图 5.95 佳县牸牛沟修械所二层内部

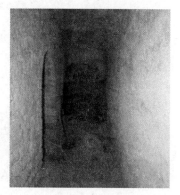
图 5.96 佳县牸牛沟修械所二层储藏间

图 5.97　佳县牸牛沟修械所三层立面　　　　图 5.98　佳县牸牛沟修械所三层楼梯

**2. 纺织工业建筑实例——佳县木头峪纺织厂**

历史沿革：1942 年，边区开展大生产运动，广种棉花。佳县木头峪纺织厂（见图 5.99）在此期间成立，并从山西引进木质大架织机，工作效率从小型木质织机的 1～1.2 丈/天提高到 12丈/天。大架织机一般由男性操作。

建筑现状特征：建筑坐北朝南，建筑南立面全部为大开间的木格门，便于运输大架织机（见图 5.100）。建筑北立面在屋身和屋顶交接地方设置小窗，有利于北向的通风采光（见图5.101）。建筑的墀头用砖砌线脚，雕刻图案简洁、粗犷（见图 5.102）。

图 5.99　佳县木头峪纺织厂旧照　　　　图 5.100　佳县木头峪纺织厂南立面

图 5.101　佳县木头峪纺织厂北立面　　　图 5.102　佳县木头峪纺织厂细部

**3. 石油、炼铁厂建筑实例——近长石油厂**

历史沿革:1907 年延长石油厂开办。1935 年 3 月中共中央进入陕北之后,由陕甘宁边区政府军事工业局管理,延长石油厂保证了机关、部队等用油。1942 年 6 月,延长石油厂划归中共联防军司令部后勤管辖,1938 年派科技人员陈振复、胡华钦等到延长石油厂恢复生产。1939—1945 年,延长油矿生产汽油 163 943 吨,1939—1946 年生产煤油共 151 233 吨,蜡烛 5 760 箱,蜡片 3 894 千克[①]。随着地质工作的开展,建立了炼铁厂,扩大了采煤业。

建筑特征:延长石油厂入口采用具有陕北地域特色的圆券(见图 5.103),钻井设备除 4 根角柱用 6 英寸(1 英寸=2.54 厘米)的钢管外,其余都用木结构(见图 5.104)。当时的建筑材料水泥、钢材匮乏,炼油厂外围考虑快速建设的需求,采用传统木构建设厂房(见图 5.105)。炼铁厂采用下砌砖石拱券,上夯筑土坯内置炼铁炉的建造方法(见图 5.106),经济、实用,适合战时对重工业产品的急需要求。

图 5.103　延长石油厂入口旧照

图 5.104　延长石油第二井旧照

图 5.105　延长石油炼油厂旧照

图 5.106　炼铁厂旧照

**4. 化学厂建筑实例——八路军制药厂**

历史沿革:八路军制药厂是中共创办的第一个制药厂。1938 年 8 月筹建,1939 年 6 月由

---

① 梁严冰.延长石油官厂成立述论[J].石油大学学报(社会科学版),2001(1):30—34.

赤水(今旬邑)迁至陕北西河口(今安塞县砖窑湾镇)建厂。制药厂设西药部、中药部、材料部、制造部、化验室及仓库。1940年研究成功用小米酿造酒精,从芒硝中提取硫酸钠、硫酸镁,从马牙碱结晶小苏打,从莨菪草提取镇痛药阿托品。1941年,制药厂生产针剂2 600盒,中药1.5万磅(1磅＝0.453 6千克),片剂4 300磅,药棉5 100磅。1942年制药厂又迁至姚店子张二村(延安宝塔区姚店镇),改名为陕甘宁晋绥联防军司令部制药厂。1944年试验出盛放药品的容器安瓿。1947年制造出"盘多帮"镇痛剂。1949年4月,制药厂迁往山西新绛县泽掌镇,改名为西北人民制药厂。

建筑特征:制药生产程序有制药、研究、碾药、丸药、干燥、包装、提炼等,因此制药厂开辟有较大的场地满足药品生产流程(见图5.107)。制药厂房对采光、通风条件要求较高,因此多为土木结构房屋,土坯墙身和木构坡屋顶,满足战时快速修建的要求(见图5.108)。宿舍一般为窑洞,满足居住冬暖夏凉、经济实用的要求。

图 5.107　制药厂旧照　　　　图 5.108　八路军制药厂入口

**5. 造纸及印刷建筑实例——中央印刷厂**

历史沿革:1935年6月成立中央印刷厂,主要印刷苏区票币。1935年10月迁至瓦窑堡,1936年6月迁至吴起镇严家湾,8月迁至志丹县,1937年1月迁驻延安清凉山。中央印刷厂承印《解放日报》《共产党人》《今日新闻》等报纸、杂志、文史书籍、教材、公债券、粮票、代价券等。印刷厂设印刷部、机器部、排字部、装订部、铸字部、刻印部。1943年试验成功用国产毛边纸取代进口薄型纸,降低了印刷成本。1946年11月,在子长冯家岔筹建战时印刷厂。1947年3月,随着中共中央撤离延安,中央印刷厂迁往子长冯家岔。

建筑特征:中央印刷厂以清凉山的山洞为机房,从西至东分为排版车间、制版车间、刻印车间,山凿石洞满足印刷厂防震减噪、隐蔽的要求(见图5.109)。后中央印刷厂迁至子长,由于战时情况,借用子长的民居作为厂房(见图5.110)。

图 5.109　延安中央印刷厂　　　　图 5.110　迁至子长的中央印刷厂

### 5.5.3 工业建筑小结

**1. 工业建筑的特点**

1935年中共中央进驻陕北之后,受战争背景影响,陕北工业基础薄弱,遂以军事工业和纺织工业为主,但因地处内陆,总体发展相对缓慢。这一时期的工业建筑发展有以下特征:一是工业建筑的类型、规模、数量都较少,原因是陕北近代的经济和工业不是按照资本主义经济规律产生、发展的,是受到国内的政治和战争因素推动的;二是工业建筑多采用传统结构的木构架或是乡土窑洞建筑,处于"战时"的陕北近代工业资金有限、设备落后,机械化程度较低,以手工作坊工厂为主导,因此未出现采用新结构、新材料及新形式的工业建筑,考虑快速、隐蔽的因素,主要以改造发展传统木构建筑和乡土窑洞建筑为主。

**2. 工业建筑的价值**

地处内陆的陕北地区交通闭塞,1935—1948年是中共中央驻扎陕北的时期,中共中央的需求是陕北近代工业发展的动力,因此陕北地区工业类型中以重工业的军事工业、轻工业中的纺织工业为主,以造纸业、化学工业等其他工业为辅,具有较强的"战时"特征,并为陕北以后的工业发展奠定基础。

(1)历史价值。

陕北近代工业有力地支持了抗日战争及解放战争的胜利,尤其是1935—1947年期间,打破重重经济封锁,不仅解决了驻扎陕北地区军民的食宿等生存问题,还积极发展了军事工业、轻工业及辅助工业部门。如1945年用纸方面"除麻纸、办公纸尚需输入部分外,印刷用纸公营纸厂已能全部制造,钞票纸在工艺实习厂制造亦成功,已满足边区需要"[①]。实现了工业品的自给自足,支援了备战,同时发展了陕北地区的经济。

(2)经济价值。

陕北地处内陆,交通不便,近代之前经济发展缓慢,多数工业产品仅依靠家庭及手工作坊生产。中共中央在陕北时期,人口大量增加,同时中共给予了政策的支持及部分资金的投入,陕北的私营工业发展较快,集市贸易活跃,促进陕北农村商品经济的发展。陕北地区人民的物质生活发生变化,如服装质地由粗糙到精细,从土布到棉布、平布及丝绸,日常用品有了肥皂、火柴、陶瓷、纸烟等,丰富了陕北地区的物质生活,促进经济发展。

(3)文化价值。

陕北地区保留着纯净的黄土文化,近代工业的发展,通过纺织厂、农具厂、皮革厂、造纸厂及医药厂,一定程度上改变了陕北人民的思想观念。如纺织厂男女同工同酬,改变"男主外,女主内"及男尊女卑的传统观念。制药厂的药品及防疫针,逐步改变求神烧香的封建思想,对陕北群众的思想观念和社会风俗习惯产生了深远的影响。

(4)建筑艺术价值。

工业建筑为生产加工的场所,废弃或停产的工厂意味着落后或过时,然而工业建筑是城市

---

① 陕甘宁边区财政经济史编写组,陕西省档案馆.抗日战争时期陕甘宁边区财政经济史料摘编(第三编:工业交通)[M].西安:陕西人民出版社,不详:214.

工业发展的历史记载,是城市文化遗产的重要组成部分。随着城市化步伐的加快,工业旧址及厂房成为废弃和拆除的对象,从城市文化遗产完整性考虑,必须重视对工业建筑的保护与利用。

# 5.6 商业建筑

商业建筑是近代商品经济下的产物。随着商品交流和经营范围的扩大,出现了专门进行商品交换的商业建筑。清末陕北的商业建筑主要为居所改造的商铺。1935年中共中央到达陕北,成立陕甘宁边区政府后,大力发展陕北的农业、工业、商业。尤其是1940年皖南事变后,国民党政府对陕北实行经济封锁,中共中央大力发展商业,促进陕北内部的商品流通,出现了一批公营商业及公私合营商业,如第一个成立的公营商店——光华商店,第一个成立的合营商业——南区合作社。随着陕北商业交换和经营范围的扩大,对资金、信用也有了广泛需求,中共中央建设了金融建筑——银行,例如陕甘宁边区银行。

1935—1947年中共中央驻扎陕北期间,以1940年的皖南为分水岭,陕北的商业金融发展经历了两个阶段:1935—1940皖南事变前的自由商业金融贸易,1940—1947年皖南事变后的中共中央计划商业金融贸易。

## 5.6.1 商业建筑空间分布

陕甘宁边区政府成立后,重视发展商业贸易和交通运输,鼓励商人投资,积极发展商品流通。皖南事变后,陕北私营商业贸易呈现繁荣面貌。如延安私营商业1936年商户数为168户,至1940年商户数已达297户[①]。1940年国民党政府对陕北地区实行经济封锁,中共中央一方面鼓励中小商业资本,另一方面在各机关、部队、学校建立"公营"商店,积极发展陕北地区商业金融。

为了迅速发展商业,中共中央在此期间修建公路:一是1938年延安经沿河湾至安塞真武洞,全长32千米;二是1940年延安至沟槽渠,全长50千米;三是1941年修建的4条大车道——延安经安塞至靖边(160千米),延安经安塞、志丹、吴旗至定边(325千米),延安至山西临镇(70千米),甘肃庆阳经富县、南泥湾、山西临镇(255千米)[②]。

1935年前,陕北商业贸易主要集中在陕北南部靠近关中地区、东部临近山西地区及北部比邻内蒙古地区。1935年后,中共中央面对国民党的经济封锁,积极发展中小商业,在交通运输方面,积极修建延安通向北部、东部及南部的公路,为陕北的商业金融提供有利条件,促进陕北近代商业金融发展。同时发展多种商业模式,陕北的商业有公营商业、合作商业和私营商业。公营商业及合作商业承担陕北重大的经济任务,私营商业为必要的补充,因此陕北近代商业布局主要是以公营商业及合作商业分布为研究对象。

---

① 陕甘宁边区财政经济史编写组,陕西省档案馆.抗日战争时期陕甘宁边区财政经济史料摘编(第四编 商业贸易)[M].西安:陕西人民出版社,1980:20.

② 延安地区地方志编纂委员会.延安地区志[M].西安:西安出版社,2000:410.

**1. 公营商店的空间分布**

由表 5.19 可以看出近代公营商店在陕北地区分布上的特点。首先公营商店集中在延安地区,且集中在延安、富县,延安公营商店有 5 个,富县公营商店有 5 个;其次公营商店在榆林地区主要集中在绥德,绥德公营商店有 4 个。

**表 5.19 陕北近代公营商店分布表[①]**

| 商业名称 | 时间 | 县名 | 名 称 | 小 计 |
|---|---|---|---|---|
| 光华商店 | 延安 | 延安 | 光华商店总店(1937 年) | 1 |
| | | 甘泉 | 光华商店甘泉分店 | 1 |
| | | 子长 | 光华商店瓦窑堡分店 | 1 |
| | | 延长 | 光华商店延长分店 | 1 |
| | | 富县 | 光华商店富县分店 | 1 |
| | | 志丹 | 光华商店保安分店 | 1 |
| | 榆林 | 靖边 | 光华商店张家畔分店 | 1 |
| | | 定边 | 光华商店三边分店 | 1 |
| | | 绥德 | 光华商店绥德 | 1 |
| 盐业公司 | 延安 | 延安 | 盐业总公司 | 1 |
| | | 富县 | 盐业公司富县分公司 | 1 |
| | | | 盐业公司张村驿分公司 | 1 |
| | | 子长 | 盐业公司安定分公司 | 1 |
| | 榆林 | 绥德 | 盐业公司绥德分公司 | 1 |
| 土产公司 | 延安 | 延安 | 延安土产总公司 | 1 |
| | | 富县 | 土产富县分公司 | 1 |
| | | | 土产固延分公司 | 1 |
| | 榆林 | 定边 | 土产定边分公司 | 1 |
| 南昌公司 | 延安 | 延安 | 南昌公司延安总公司 | 1 |
| | | | 南昌公司甘谷驿分公司 | 1 |
| | | 安塞 | 南昌公司安塞分公司 | 1 |
| | 榆林 | 绥德 | 南昌公司绥德分公司 | 1 |
| 永昌公司 | 榆林 | 绥德 | 永昌公司 | 1 |
| 合计 | | | | 23 |

---

① 陕甘宁边区财政经济史编写组,陕西省档案馆.抗日战争时期陕甘宁边区财政经济史料摘编(第四编:商业贸易)[M].西安:陕西人民出版社,1980:183—243.

1935—1947年,陕北近代公营商店分布特征产生的主要原因如下:首先延安为中共中央在陕北的首府,要满足中共中央政府和军队需求,便于物资供给;其次绥德是陕北原有的商业中心,可继承发展老的商业中心,改善陕北民众的生活,对外打破经济封锁,为抗日战争及解放战争的胜利奠定坚实的物质基础。

**2. 合作商店的空间分布**

陕北近代合作商业中的主要形式是消费合作社,消费合作社在1935—1947年期间建立若干商业网点,如1937年陕北16个县发展区级合作社75个,乡级合作社142个[①]。合作社尝试"民办官助"的合作商业形式,成功地创建了一种新的商业模式,开创了多种形式商业的格局,极大促进了陕北的经济建设。如1939年陕北消费合作社共有115个,1940年有132个,1941年有138个,1942年有207个,至1944年消费合作社有281个[②]。

陕北近代消费合作社的分布特征如下:一是陕北近代合作商业分布范围广,如合作商业分布在12个县区,而公营商店集中分布在肤施、绥德、子长、富县区域;二是分布区域集中在延安及延安周边地区,就1941年的统计而言,肤施32个,安塞12个,延长8个,定边8个,延川7个,子长、富县、吴旗各6个,甘泉、靖边各5个,米脂4个,绥德2个[③],呈现出大分散小集中的特点,弥补了公营商业分布不广泛的缺点。由此可以看出,陕北近代消费合作社布局与公营商店布局和谐并互补。

综上所述,陕北近代商业主要以公营商店及合作社为主,私营商铺为辅。公营商店及合作社为中共中央的陕甘宁边区政府倡办,在政策、人力、资金方面给予较大支持,因此公营商店及合作社最能体现陕北商业建筑的特点。

### 5.6.2　商业建筑典型实例

**1. 南区合作社**

(1)历史沿革。

1935年中共中央到达陕北后,在商业贸易方面大力发展公营商店的同时,积极创办合作社,其中延安南区合作社是合作社中最具代表,也是最典型的综合性合作社。延安南区合作社于1935年12月成立,位于延安的柳林区,后由于战争原因停办。1937年采取灵活入股形式重办,集商业、运输业、工业和金融业于一体。1939年建成南区合作社,后来开办了学校、业余剧团、医院合作社等。1985年对旧址进行了维修。

(2)建筑现状特征。

南区合作社包括营业楼、办公、仓库及宿舍。其中营业楼坐北朝南,为二层土木砖混合结构,屋身为土坯墙,建筑两侧包砖,屋顶为木构坡屋顶。南立面临街,一层为可拆卸木门,方便人群进出。二层外挑木廊阳台,中央为门连窗,其他均为木格窗,通透感较强,二层东面设置门方便院内工作人员出入(见图5.111)。北立面一层中央设门,为工作人员入口,两侧开设方形

---

① 延安市地方志编纂委员会.延安地区志[M].西安:西安出版社,2000:475.

② 陕西边区财政经济史编写组.陕西档案馆.抗日战争时期陕甘宁边区财政经济史料摘编(第七编:互助合作)[M].西安:陕西人民出版社,1980:138.

③ 毛泽东.关于创建和发展供销社的文献选载(1942年12月—1962年9月)[J].党的文献,1997(6):13—16.

小窗(见图5.112)。合作社办公室、宿舍及仓库都为窑洞,其中办公室位于台地上,设石砌楼梯,办公室同营业楼二层等高,联系方便(见图5.113)。

图5.111　南区合作社营业楼南立面　　　　图5.112　南区合作社营业楼北立面

图5.113　南区合作社办公及宿舍

**2. 陕甘宁边区银行**

(1)历史沿革。

1935年中共中央到达陕北,11月将原中华苏维埃共和国国家银行改为西北分行。1937年10月1日将西北分行改名为陕甘宁边区银行,总行设于延安,下设绥德、关中、三边、陇东四个分行及支行、办事处等分支机构。1937—1947年,边区银行是陕甘宁边区政府的金融中心,有利地促进了陕北经济发展。1991年9月,在旧址建立纪念馆。2006年5月,陕甘宁边区银行成为国务院第六批全国重点保护文物。

(2)建筑现状特征。

陕甘这边区银行始建于1940年,1941年11月7日投入使用。陕甘宁边区银行坐北朝南,平面为长方形,二层砖结构。建筑立面为典型的三段式,中央为入口,门为半圆拱券,门上有匾额"陕甘宁银行"五个字,其上有圆形内凹假窗,内嵌象征中共的红五角星。两侧的一层各

4个大圆券窗,二层各4个砖砌弧形线脚的小圆券窗,建筑立面通过砖砌的壁柱、二层小长窗及窗上线脚的装饰、砖砌镂空竖条的女儿墙,加强建筑立面的垂直向上的动势,使建筑具有敦实厚重、均衡安稳的美学效果(见图5.114)。建筑内部根据银行营业的功能要求,入口处为大厅,分散人流,两侧设楼梯解决垂直交通。银行一层主要为窗口业务,设计为南向单廊,方便办理业务,而营业厅的办公室左右各4孔窑洞相互贯通,方便工作人员处理汇账、统计、分类及计算等业务(见图5.115)。

图5.114　陕甘宁边区银行立面　　　　图5.115　陕甘宁边区银行室内

### 5.6.3　商业建筑小结

**1. 商业建筑的特点**

中共中央进入陕北之后,1936年成立陕甘宁边区政府,在战时特殊背景下,边区政府通过修筑公路,恢复贸易,发展工农业,加快了商品流通的速度,加快了陕北这一时期社会经济的发展。陕北这一时期的商业建筑有以下特征:一是注重商业及金融建筑对营业大厅的功能设计。如南区合作社一层为营业大厅,二层为办公室;陕甘宁边区银行一层充分考虑营业大厅的功能使用,分为银行窗口业务和柜台办公两部分,二层为银行办公。二是建筑立面从体现传统地域建筑造型元素,逐步向中西合璧式的建筑风格转变。如南区合作社沿袭传统地域风格同时,加入对建筑竖向垂直空间的体验,陕甘宁边区银行则在艺术处理上表现出中西合璧的建筑风格。

**2. 商业建筑的价值**

陕北地区的地貌千沟万壑,交通发展缓慢,1840—1935年经济落后,商业形式以私营商铺为主。1935年中共中央到达陕北,尤其是1940年皖南事变后国民党政府对陕北实行经济封锁,中共中央积极修建陕北内部腹地公路,建立了公营商店、合作社等发展陕北商业,极大地推动了陕北近代经济的发展。

(1)社会、历史、文化价值。

陕北近代商业建筑体现了陕北近代商业文化的发展和演变,近代商业建筑对促进陕北的经济和社会发展起重要作用。商业建筑承载着社会、历史、文化价值。

例如,陕甘宁边区银行是陕北第一座近代金融建筑,南区合作社是陕北第一个公私合作商铺。因此,陕北近代的商业金融建筑反映了陕北近代的经济发展水平,是陕北城市发展的物质载体。

(2)建筑技术、艺术价值。

陕北近代商业建筑,有传统建筑未使用的新技术、新造型,因此能够反映出近代新型建筑的特征。如陕甘宁边区银行及南区合作社均为二层砖结构建筑,与周围单层土窑形成强烈对比,代表陕北近代商业建筑的发展水平。

## 5.7 小    结

1935—1949 年,是陕北近代建筑发展较快的时期。由于这一时期中共中央的驻扎,出现了新的建筑类型,强调建筑功能性和实用性,建筑风格逐渐多样性。虽然这一时期受到建筑规模、建筑材料及建筑技术的限制,但是这一时期的建筑凸显出极强的中西合璧建筑风格。红色文化呈现出自上而下、主动引导的特点。

# 6 陕北近代建筑特征

## 6.1 陕北近代建筑风格特征

近代陕北的建筑风格经历了多方面的发展阶段,但始终沿着四条路径发展。一条是对传统建筑风格根深蒂固地继承和发展,一条是对陕北本土地域特色建筑形式的传承和演变,一条是在西方建筑文化影响下的西式建筑风格的突变,一条是红色文化影响下的中西合璧建筑风格。

### 6.1.1 传统建筑风格及演变

#### 1. 传统建筑风格

传统建筑多为木结构,封闭的院落布局。飞檐翘角、斗拱额枋彩绘、影壁及多样墙雕刻图案,传承了中国木构建筑的特征,反映了传统文化思想对陕北地区建筑的影响。

陕北近代建筑中,"传统风格"建筑主要为戏楼、祠堂、居住建筑及部分工业建筑。戏楼及祠堂建筑采用台基、屋身、屋顶的三段式构图。面阔三间,进深两间,前檐两侧有"八"字屏墙,屋顶为硬山、悬山及卷棚,檐下施斗拱与彩画,石砌台基。如延长的下芙蓉戏楼、洛川的统将戏楼、延长的克苏戏楼(见图 6.1)。

居住建筑主要为府谷、神木、榆林等地区的民居,多为三合院或四合院。陕北为汉族和少数民居杂居地区,在住宅平面布局上,充分体现汉文化"礼"的等级制度。四合院由大门、倒座、东西厢、正房及耳房组成,正房、东西厢、耳房等体量、高度不同,形成主次分明的空间格局,区别长幼及尊卑。建筑为砖木结构,木构架以抬梁式为主,围护墙一般为土坯或砖墙,屋顶为传统坡屋顶。如神木的白氏民居(见图 6.2)、府谷的耕读居。

工业建筑中的纺织厂为适应"战时"快速建设的需求,采用传统木构架建设厂房。如佳县木头峪纺织厂(见图 6.3)。

#### 2. 传统建筑的转型及演变

传统建筑在近代时期逐渐转型,在建筑空间、建筑结构、建筑材料及细部装饰上有了新的变化,主要体现在商业建筑、图书馆建筑等。

传统建筑在近代时期从民居开始转型。首先,在传统建筑中演变发展了具有商业化的建筑,典型的有商铺的变化。如米脂冯氏店铺、延安南区合作社营业楼。米脂冯氏店铺为两层砖木结构商铺,建筑二层南立面及西立面均为木格栅连窗,正对街道,比传统居住建筑的建筑形式开放,满足商铺的开放性(见图 6.4)。延安南区合作社为二层土木结构营业楼,一层全部为可拆卸木门,二层为有挑檐的木格栅门连窗(见图 6.5)。

另外,传统风格建筑在造型上出现了近代化的趋势,如府谷秀芳图书馆。秀芳图书馆从传统建筑平面纵向延伸发展为垂直楼层的增加(见图6.6),从传统的一层发展为二层,建筑构造及建筑立面以传统建筑特征为主。

图 6.1　延长克苏戏楼　　　　　　　图 6.2　神木白氏民居

图 6.3　佳县木头峪纺织厂　　　　　　图 6.4　米脂冯氏店铺

图 6.5　延安南区合作社　　　　　图 6.6　府谷秀芳图书馆

## 6.1.2　地域乡土建筑风格及演变

### 1. 地域乡土建筑风格

陕北特殊的黄土高原地理环境,造就了以黄土及砖石为主要建筑材料的窑洞建筑形式。窑洞依据地势,因地制宜地建造,形成外表封闭、内有洞天的窑洞四合院,创造了陕北地区特有的窑洞建筑。

　　陕北地区窑洞多以奇数为单位,如三孔、五孔、七孔等,刻意回避"四六不成材"的俗语。窑洞宽度多为 3～4 米,深度 8～10 米,宽高比为 0.7～1.3,窑腿宽度为 1.5～3 米。窑洞的平面布局遵循传统民居布置,采用三合院、四合院的院落形式。

　　窑洞三合院由大门、东西厢窑、正窑构成,窑洞四合院由倒座、东西厢窑、正窑构成,讲究"三明两暗六厢窑"或"五明两暗六厢窑"。大型组合院落则采用前后串联或左右并联的方式扩展纵向或横向空间,如宜川二道巷的李家窑洞四合院(见图 6.7)。

　　窑洞建筑根据地形的起伏不同形成坡地上的窑洞院落,如米脂姜氏庄园。姜氏庄园是堡寨式庄园,注重防卫,窑洞基本为单层结构,院落较为宽敞(见图 6.8)。

**2. 地域乡土建筑风格的演变**

　　近代以后,窑洞在建筑空间、建筑细部、建筑形式等方面有了新的变化,主要体现在工业建筑、纪念性建筑等。

　　首先,地域建筑演变发展了适合"战时"背景下的工业建筑,用窑洞形式不仅能快速建造,而且隐蔽安全。如佳县牸牛沟修械厂、安塞陕甘宁边区机器厂。牸牛沟修械厂规模较大,分为三层石砌窑洞,每层石窑两侧有石梯方便上下,石窑洞之间贯通(见图 6.9)。安塞陕甘宁边区机器厂为依山开凿的一大两小石窑(见图 6.10)。

　　其次,地域建筑还演变形成了纪念性建筑形式,如府谷的忠烈祠。祠洞凿在石崖下,以山为陵,质朴而简洁,营造出肃穆的氛围(见图 6.11)。

　　另外,地域乡土建筑还演变形成了其他类型建筑,如望花楼。黄龙的望花楼为二层石砌楼阁式窑洞,为春暖花开欣赏美景而建(见图 6.12)。

图 6.7　宜川李家窑洞四合院

图 6.8　米脂姜氏庄园四合院

图 6.9　佳县牸牛沟修械厂

图 6.10　安塞陕甘宁边区机器厂

图 6.11　府谷忠烈祠　　　　　　　　　图 6.12　黄龙望花楼

### 6.1.3　西式建筑风格

　　陕北经历了对西式风格建筑形式从被动接受到主动吸收的过程以及从繁复到简化的过程。陕北近代建筑中,西式风格多用于教堂及教会建筑。如延安桥儿沟天主教堂平面为巴西里卡长方形,立面三段式构图,建筑结构为梁柱拱券结构,建筑细部采用罗马式的半圆券,强调教堂敦实厚重、力度饱满、结构完整的美学效果(见图 6.13)。延安甘谷驿天主教堂平面为长方形,立面三段式构图,建筑结构为拱券结构,建筑细部采用哥特式的尖券门窗、尖塔,强调建筑高耸、绚烂神秘的宗教气氛(见图 6.14)。

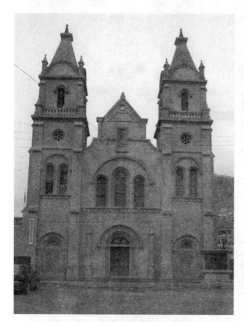 

图 6.13　延安桥儿沟天主教堂　　　　　图 6.14　延安甘谷驿天主教堂

### 6.1.4　中西合璧式建筑风格

中西交融是中国近代建筑的特征之一。陕北近代建筑的发展经历了漫长的演变过程,中西合璧式建筑风格分为以下几种形式。

**1. 中式空间西式立面**

建筑内部采用传统及地域的空间形式,建筑入口、门窗或立面为西式的造型风格,主要体现在居住建筑及教会建筑中。

建筑的入口、门窗部位为西式造型,如神木北街 3 号院,其门楼采用三角形及尖塔式的西式造型(见图 6.15),府谷黄圃镇李家大院的门楼为巴洛克式的造型(见图 6.16)。

建筑的立面采用立柱、拱券等西式造型特征,如榆林八狮上巷 36 号院、米脂东街小学。榆林八狮上巷 36 号院,建筑入口大门及正房的外立面采用西式的柱式及尖塔造型,建筑空间布局及建筑构造为传统的建筑特征(见图 6.17)。米脂东街小学立面采用多边形砖柱,上置尖圆形装饰,建筑立面采用曲线及三角形(见图 6.18)。

图 6.15　神木北街 3 号院大门　　　图 6.16　府谷黄圃镇李家大院

图 6.17　榆林八狮上巷 36 号院　　　图 6.18　米脂东街小学旧立面

#### 2. 西式空间中式立面

建筑内部采用西式的空间形式,建筑立面采用传统建筑造型,主要体现在教会建筑、医院建筑中。如榆林市基督新教的牧师楼、白求恩和平医院等。

榆林市基督新教牧师楼,建筑内部功能分区明确,有客厅、厨房、会议室、居住、厨房及储藏室。建筑外立面为二层楼房,门窗采用弧形木玻璃窗(见图6.19)。

白求恩和平医院手术室建筑,根据功能分为四个大小不同的手术室,建筑立面全部采用青砖砌成,并在转角处做抹圆细部处理,窗台及屋檐细部均为砖砌叠涩(见图6.20)。

图 6.19　基督新教牧师楼　　　　　图 6.20　白求恩和平医院手术室

#### 3. 中西合璧

随着西方文化、经济的不断渗透,陕北地区开始主动吸收外来建筑形式和技术,中西合璧建筑主要体现在行政办公、文教医疗、名人旧居、纪念性建筑等,从空间到立面造型,既有传统、地域乡土的建筑特色,又具备西式建筑的特征。行政办公类型建筑如陕甘宁边区大礼堂(见图6.21)、杨家岭中央大礼堂(见图6.22)、杨家岭中共办公厅(见图6.23)、绥德后疏圪崂中山堂(见图6.24);文教医疗类型建筑如中国医科大学(见图6.25)、中共管理局干休所(见图6.26);名人旧居如米脂杨家沟毛泽东旧居(见图6.27);纪念性类型如神木彩林纪念塔(见图6.28)。

图 6.21　陕甘宁边区大礼堂　　　　　图 6.22　杨家岭中央大礼堂

图 6.23　杨家岭中共办公厅

图 6.24　绥德后疏圪崂中山堂

图 6.25　中国医科大学

图 6.26　中共管理局干休所

图 6.27　米脂杨家沟毛泽东旧居

图 6.28　神木彩林纪念塔

### 4. 综述

　　陕北近代建筑演变过程中形成了以下四种建筑风格：传统式建筑风格、地域式建筑风格、西式建筑风格和中西合璧式建筑风格。这四种风格既有渐变又有突变。其中传统式建筑风格、地域式建筑风格是以渐变传承和发展，而西式建筑风格是以一种突变的方式进入陕北，在发展中又体现本土的传统特色，最终中西合璧式的建筑风格成为主要趋势。因此，陕北近代建筑风格具备多元化和强烈的包容性，这与陕北文化内涵密切相关。

　　陕北近代初期，传统的建造方式及思想占统治地位，因此大量民居建筑、商业建筑、早期文化娱乐建筑如书院及戏楼，以传统式风格、地域式风格为主，同时也出现一些西化的倾向，如商业建筑出现二层、民居建筑采用西式门楼及西式建筑立面细部。自基督教传入陕北，代表西方文化的教堂出现在陕北地区,这种具有西式特征的建筑,表达了传统文化、本土文化和西方文化的冲突、融合。之后中共中央进驻陕北,建设数量增多,建造规模变大,新结构和新材料的运用使得陕北近代建筑面貌发生变化,尤其是行政办公类型、文教医疗类型的办公建筑,体现出强烈的中西合璧式建筑风格。

## 6.2　陕北近代建筑的空间特征

建筑空间形态在建筑语言上主要通过水平和垂直关系进行研究。陕北的近代建筑中空间组织多在平面维度发展,在垂直维度上变化和发展较少,因此本书对空间部分进行研究,转从平面角度重点展开。

### 6.2.1　建筑空间形态

陕北近代建筑的平面形式主要有长方形、方形、凸形、凹形及不规则形等,陕北近代建筑的平面形式丰富,注重功能,同时运用不同组织和结构方式,达到使用美观的效果。

**1. 长方形空间**

长方形的空间,平面分隔较少,多用在教堂建筑和工业类建筑,依照不同功能要求布置为矩形空间。如延安甘谷驿教堂、佳县木头峪纺织厂、佳县牸牛沟修械所。

**2. 方形空间**

方形的空间,突破长方形空间的长宽不同比例,形成长宽比近似的正方形,不仅从功能上满足更多的采光和通风,还提升空间的使用效率。多用于图书馆以及纪念性建筑,如府谷秀芳图书馆、府谷忠烈祠等。

**3. "凸"型空间**

在方形空间的基础上,在一面多突显出一个空间,使室内与外界的接触面积增大,开窗面积增多,有利于采光、通风,反映出建筑设计中对功能的考虑。多用于行政办公建筑,如枣园书记处礼堂。

**4. "凹"型空间**

在方形空间的基础上,将两边突出,多用于建筑的入口,同时加强建筑立面的层次感。多用于行政办公建筑,如枣园中央办公厅、中共中央西北局会议室。

**5. 不规则形**

依照功能对建筑空间进行合理的布局,形成一种多边形的空间,从某种程度上反映出近代建筑设计对建筑功能的理性化布局。如杨家岭中央大礼堂、杨家岭中共办公厅等。

由此可以看出,陕北近代建筑平面形式突破传统的长方形空间,在此基础上形成正方形、"凸"型、"凹"型及复合形体,提高了空间的使用效率,有利于建筑的采光和通风。

陕北近代建筑平面的多样化发展有以下原因:首先,随着近代社会的发展,建的功能日趋复杂,特别是公共建筑,如行政办公、文教医疗等建筑,空间要求相对多样复杂。其次,建筑结构及建筑技术的发展为多样化的平面提供了支持。

### 6.2.2　建筑空间体量

陕北传统建筑多为一层，极个别为二层。传统建筑由体量较小的"间"构成"院落"，整体建筑体量庞大，但构成整体的"间"的尺度宜人。近代时期，随着西方化的建筑及传统建筑的演变，呈现出"间"的尺度变大且建筑体量增高的趋势。

近代建筑出现较多类型，如公共建筑中的行政办公建筑、文教医疗建筑，以及工业建筑的生产厂房，对于建筑空间、尺寸均比传统建筑有所增大；其次近代建筑的公共建筑，如图书馆、行政办公、商业等建筑多数为二层、三层，因此对建筑体量要求较传统建筑有所增高。

### 6.2.3　建筑空间模式特征

#### 1. 传统合院模式

陕北近代建筑在继承传统建筑单体的轴线对称、强调传统的院落的空间组织手法上，反映了传统建筑文化对陕北近代建筑的影响。

#### 2. 单间并联模式

陕北近代建筑在继承乡土窑洞建筑的基础上，对空间进行串联或是并联。串联的特征是采用统一中轴线，形成多种院落空间；并联的特征是采用两条平行的中轴线，有共有的小院或廊道。这种空间组织手法是传统及乡土建筑的演变。

#### 3. 台地分层模式

以台地为主，随坡而建。以等高线垂直布置，利用连续不断的坡度，布置不同建筑。这种空间组织形式的特点在于对室外空间的充分利用，形成阶梯式的空间形态，空间层次变化丰富，错落有致。

#### 4. 集中式模式

集中式模式主要利用楼梯等垂直交通，在垂直维度上连接上、下层空间的组织模式。这种以垂直交通为核心的布局，使建筑功能合理紧凑，建筑空间具有较强的凝聚性。

对陕北近代建筑的空间进行研究，从空间形态、空间的体量、空间模式三方面入手。

从空间形态的演变来看，从长方形空间发展为"方"形空间、"凸"型、"凹"型空间，随着功能空间的多样化，出现"L"型空间和"工"型空间。从空间形态变化可以看出，功能决定空间布局形式，形式跟随功能的西方近代建筑空间理论的应用。

从空间体量的演变来看，随着建筑规模的扩大，建筑空间打破传统建筑空间单一化和均质化，不仅注重营造流通多变的水平空间，如墙的灵活运用，增加了水平空间的多样化，而且增加便捷开放的垂直空间，如室内楼梯的采用，增加了空间的多元化。

从空间模式的演变来看，陕北近代时期有四种空间结构模式：传统合院式、串并联布局模式、台地分层布局模式和集中式布局模式。其中前三种为近代本土传统空间模式的渐变，后一种为近代时期出现的新的空间结构模式。

由此形成陕北近代建筑空间形态的多样性、开放性及多元性特征。首先，空间形态呈现出多样性，从平面形式、空间组织、空间体量及空间造型，到水平方向和垂直方向的流通多变。其次，空间形态注重同外界的交流，通过内外廊、阳台空间、台地空间、屋顶空间等形成开放性的趋势。另外，空间形态整体呈现多元化，受传统、地域及西式文化和技术等众多因素影响，陕北近代建筑的建筑空间整体趋向功能、实用、紧凑的近代空间式样。

# 6.3  陕北近代建筑的造型特征

空间通过建筑实体围合而成,形成建筑造型特征。这些物质实体包括建筑的屋顶、墙体、台基、结构、门窗等。以下通过这些实体部分的特征总结陕北近代建筑造型特征。

### 6.3.1  建筑屋顶造型特征

屋顶是建筑的第五立面,是表达建筑造型的重要部分。陕北近代建筑的屋顶造型有以下三种:双坡,四坡,攒尖顶和平、坡结合屋顶。

**1. 双坡屋顶**

陕北近代建筑中的双坡屋顶有两种,一种是悬山顶,另一种是硬山顶,其中硬山顶依据山尖与屋顶位置不同,分为山尖式和山墙式。

悬山顶如延安王家坪总政会议室,硬山顶的山墙式如延安陶宝峪大礼堂,硬山顶的山尖式如府谷的耕读居。其中硬山顶的山墙式出现了变异形式,如八路军医科大学礼堂,在两坡屋顶上置侧高窗采光,高窗上再设坡屋顶。

**2. 四坡屋顶**

近代建筑的四坡屋顶分为四种,有四坡水屋面、高山墙四坡水屋面、歇山顶四坡水屋面和歇山样式四坡水屋面。

四坡水屋面,如安塞陶宝峪红楼屋顶;高山墙四坡水屋面,如陕甘宁银行旧址;歇山顶的四坡水屋面,如王家坪的军委礼堂、白求恩和平医院、冯氏店铺、裴庄军委旧址;歇山式样的四坡水屋面,传统山墙改为透气窗洞,局部常做老虎窗,多用于传统风格的行政办公类型、文教医疗类型及纪念性建筑,如枣园的机要室、中央军委作战室。

**3. 攒尖顶屋顶**

攒尖顶多用于传统风格的图书馆及办公类型建筑,如府谷的斌丞图书馆、枣园的行政办公楼等。

**4. 平、坡结合屋顶**

由于近代建筑结构体系变化出现了平屋顶,建筑立面造型趋向简洁。陕北近代建筑屋顶出现平屋顶与坡屋顶结合的形式。如杨家岭的中央大礼堂、杨家岭中共办公厅、刘志丹陵园。总之,全部采用平屋顶,建筑立面简洁大方的现代建筑的立面造型,尚没有在陕北近代建筑中出现。

### 6.3.2  建筑立面造型特征

**1. 传统的立面造型**

传统的建筑立面仅在门洞及窗做装饰,建筑墙体运用本身材质营造较为封闭的立面造型。

**2. 乡土的立面造型**

陕北地域特色的窑洞由窑身、窑脸、窑腿和脑畔起等构成,附件构件有女儿墙、挑檐、烟囱、明柱、圪台和散水等。窑洞窑身多为长方体,窑脸的窑口形式有半圆券、双圆心拱和三圆心拱三种,在矩形的墙面开着拱形的窑口,线性的墙面与拱券的曲线形成强烈的对比,各窑口之间的窑腿分布着矩形、拱形的小龛,窑身、窑脸、窑腿、脑畔起构成陕北地区乡土建筑丰富的造型语汇。

**3. 西式的立面造型**

陕北西式的建筑立面有以下特征:一是强调立面竖向的构图,与传统建筑立面突出横向构图不同。西式立面有凸出的立柱或倚柱,加强建筑垂直方向的划分,凸显建筑的提拔,增强建筑的立体感。二是注重比例关系,建筑立面设计运用比例。如墙身是否符合黄金分割比1:0.618。立面呈正方形,高宽比1:1,表现出庄严、肃穆的造型。

**4. 中西合璧的立面造型**

混合中国传统建筑立面、地域建筑立面及西方建筑立面造型,既满足建筑功能的需求,又切合对传统及地域建筑形式的要求,如延安的大礼堂。

陕北近代建筑的墙身演变趋势,是从传统建筑发展而来,受地域建筑及西式建筑的影响,最终使得中西合璧式的建筑风格成为陕北近代建筑的主体造型。如延安大礼堂、杨家岭大礼堂、杨家岭办公厅、红楼,注重功能设计,采用集中式布局,建筑立面处理不仅强调水平、垂直的构图,还注重建筑立面的虚实对比、材质对比及细部处理。屋顶采用中国传统样式的坡屋顶及平屋顶的组合。

### 6.3.3　建筑门窗造型特征

陕北近代建筑的门窗根据建筑造型不同,分类如下:传统式样、地域式样及中西合璧式样。传统式样的门窗一般在传统风格和中西合璧式的建筑中,传统式样的大门较为考究,门设门枕石,门上有门簪、门环、铺作及匾额,大门饰以砖雕或木雕,雕刻造型颇多。较为特殊的有"八字门",在大门两侧营造内凹的入口空间,如榆林八字门。传统式样的窗有隔扇窗、漏窗,在隔扇的裙板、格心及漏窗上有木雕,雕刻内容丰富。

地域特色的窑洞门窗洞口有半圆券、双圆心拱和三圆心拱,这种拱形曲线与西式门窗洞口的曲线不谋而合,不同的是陕北地域样式的门窗洞口处理手法体现了中国传统的建筑特色,装饰较多,而西式门窗的圆券、拱形券和平券较为简洁,装饰较少,更注重细部的立体感。如从窑洞民居与西式教堂的对比可以看出,西式门窗采用拱券做过梁,在拱券上部有若干的券线脚装饰,第一层线脚磨圆向外凸,二层线脚向内凹处理。

西式样式的门窗,采用拱券、立柱、线脚形式。拱券有罗马式半圈券、哥特式双圆心拱券,西式样式的立柱与拱券形成门窗过梁,立柱采用西方古典柱式,简化柱头、柱身及柱础,在细部做法及比例上都有本土化的特征。如柱头装饰题材采用中国传统植物样式,柱身的凹槽进行简化,柱础的做法借鉴传统做法,一般采用砖、石做装饰线脚,增加门窗洞口的立体感。

### 6.3.4　建筑其他部位造型特征

**1. 楼梯和扶手的造型**

传统建筑风格多为一层,少数二层建筑的楼梯采用木梯,梯段狭窄而隐蔽,仅满足对垂直交通的需求。

地域风格的窑洞建筑楼梯多采用室外的石台阶,经久耐用且造价低,实用性较强,个别在楼梯扶手做镂空装饰,在室外楼梯搭设雨棚,成为瞭敌楼。

西式风格的多层建筑,对楼梯的位置、采光及细部设计较为讲究,多设置在主入口附近,楼梯间设窗采光通风,设置扶手方便上下,在楼梯的第一级台阶多做特殊处理,如踏步设计较宽,并做弧角处理。

**2. 栏杆的造型**

陕北近代建筑的栏杆伴随着外廊、阳台、露台的出现,造型日趋多样。栏杆根据材质不同分为木栏杆、铁栏杆、石栏杆和砖栏杆。木栏杆望柱及栏板雕刻多为寓意吉祥的图案,如"寿"字形,望柱有的采用西式的宝瓶栏杆。在装饰细部上,将西式题材作为一种流行样式,与传统、乡土的建筑装饰结合。

**3. 女儿墙的造型**

陕北地域特色建筑窑洞,有防止雨水冲刷窑脸的挡墙,并且为避免人畜从窑顶跌落设置女儿墙。女儿墙用砖叠砌成镂花形状,达到质朴典雅的装饰效果。如"十"字形、锯齿形,大致有方孔式、圆孔式几种。将西式装饰中的几何图形与中国传统、乡土的图样结合,使得建筑装饰趋于简洁,逐步向近现代过渡。

以上从建筑屋顶形态、建筑立面、建筑门窗、建筑其他部件如楼梯、栏杆、女儿墙等形态特征入手,总结陕北近代建筑的造型特征,并分析造型特征的演变过程及原因。

陕北近代建筑的屋顶有以下形式:两坡、四坡、攒尖及平屋顶与坡屋顶的组合,可以看出屋顶的形式从传统逐步走向代表近现代的平屋顶。立面造型从传统建筑发展而来,受地域建筑及西式建筑的影响,中西合璧式的建筑风格最终成为陕北近代建筑的主体造型。建筑的门窗及其他部件如楼梯、栏杆、女儿墙等细部特征,将传统、乡土及西式融合一体,建筑细部装饰趋于简洁,向近现代建筑逐步过渡。

# 6.4　建筑技术特征

近代建筑发展离不开建筑技术的革新,包括建筑结构、建筑材料、建筑设备、施工技术、建筑管理等多个方面。陕北近代建筑对于技术的选择体现在建筑材料、建筑结构及建筑管理等方面。

## 6.4.1　建筑材料

陕北传统及地域乡土建筑多以土、石、木材料为主,砖及瓦等材料为辅。如窑洞的建筑材料多以土、石为主,传统木构架的建筑材料以木、土、石为主。随着技术的进步,建筑材料出现了机制砖、玻璃、铸铁五金、百叶窗、防水处理材料等。

在建筑屋面材料上,传统建筑屋面采用平瓦、筒瓦,颜色多为青灰色。陕北近代建筑中的行政办公类型建筑出现了机制砖、铸铁窗棂及铸铁装饰,平屋顶的防水层采用石油和土麻刀灰浆混合,教堂门窗采用彩色玻璃,行政办公类型建筑及医院采用玻璃窗,代替了传统建筑的窗纸,增加内外空间的通透感。

虽然陕北近代建筑采用一些新材料如玻璃、铸铁等,但数量较少,未出现新的建筑材料的规模生产。由于战争年代、经济封锁及交通不畅,陕北近代建筑材料发展缓慢。

### 6.4.2 建筑结构(见表6.1)

#### 1. 屋架

陕北传统风格建筑传承传统建筑的屋架结构,一般采用木构架结构。木屋架主要为抬梁式、抬梁式和穿斗式结合。随着近代砖墙承重和木屋架技术发展,形成砖木承重结构体系,采用砖墙为垂直承重结构、三角形屋架或木桁架为水平承重结构,使得力学结构更加合理,并扩大空间、节省材料,便于安装。

陕北地域乡土风格建筑窑洞最初采用"减法"营造,通过挖掘黄土崖壁形成拱券曲线的空间,窑顶不需要外加支撑构件,使屋顶的荷载沿抛物线方向由拱顶传至侧墙及地基。随着建筑技术的发展,窑顶的曲线从半圆拱发展到椭圆拱。椭圆拱使窑洞空间更为宽敞,采光及通风效果更好。

陕北西式风格的教堂采用西式的梁柱拱券结构,屋顶为穹顶造型,营造出幽深多变、神秘的宗教氛围。

陕北中西合璧式的建筑的屋架有三角形屋架或木桁架、石拱券屋架、石拱券与木屋架结合、平屋顶与坡屋顶结合。如杨家岭中共中央办公厅大楼,屋顶采用平屋顶与坡屋顶结合,建筑为三层楼房,采用梁板式结构,内部砖柱作为结构支撑,平屋顶用木格栅板铺为基层,其上铺板材,由于使用木格栅,考虑屋面防火要求,平屋顶的面积受到限制,因此采用平屋顶与坡屋顶结合,采用三层、二层、一层的不同高差达到防火分区的作用。平屋顶防水处理采用石油和土麻刀灰浆混合,其上铺设方砖。

#### 2. 屋身

陕北传统风格建筑的屋身主要是木骨架结构,墙体不承重,起维护和分隔空间作用。墙体材料为木质隔扇、土墙、毛石墙,随着近代墙承重和木屋架技术的发展,墙体成为主要承重构件,承托梁、楼板及屋顶的重量。

陕北乡土地域风格的窑洞以土窑和石窑为主,窑身建筑材料为黄土、土坯、石及砖,室内墙面加以平整粉刷。这种地域乡土的窑洞,就地取材,采用建筑材料的本色,形成粗犷、豪放的建筑特色。

陕北中西合璧风格的建筑,多为近代时期红色文化背景下建造的,屋身墙体承重结构采用砖木混合、砖石混合、砖结构、石结构。其原因一是墙体承重结构采用当地的建筑材料如砖、木、石,应用具有普遍性;二是墙体承重结构与地方施工技术结合,施工具有便利性。

#### 3. 地基与防空洞

陕北近代传统风格建筑多为土木结构和混合结构,地基处理采用砖砌条形基础。墙基为石灰三合土。陕北近代地域乡土风格窑洞建筑中的独立式窑用砖石砌筑做基础处理。中共中央驻扎陕北时期,建设的医院、行政办公类型建筑旁修建防空洞,作为战争避难的安全场所。

整体来讲,陕北近代建筑规模较小,结构水平发展较缓慢,未出现大规模、大体量、高层的建筑结构。

表 6.1 陕北近代建筑的结构类型及实例

| 结构部位 | 结构形式 | 典型实例 |
|---|---|---|
| 屋顶 | 九檩八椽 | 安塞县李家塌"七大礼堂"遗址屋架 |
| | 抬梁、穿斗结合 | 王家坪礼堂 |
| | 抬梁式结合桁架 | 枣园礼堂屋架 |
| | 三角形、桁架 | 中共西北局会议室 |
| | 石拱券及三角形木屋架 | 杨家岭中央大礼堂、陕甘宁礼堂 |
| | 平、坡屋顶结合 | 杨家岭中共中央办公厅 |
| 屋身 | 石结构 | 安塞县李家塌"七大礼堂"遗址 |
| | 砖结构 | 枣园礼堂 |
| | 砖石混合结构 | 杨家岭中央大礼堂、陕甘宁礼堂 |
| | 砖木混合 | 王家坪礼堂 |
| 地基及防空洞 | 砖石砌条形基础 | 杨家岭14孔石窑洞 |
| | 防空洞 | 杨家岭防空洞 |

### 6.4.3 建筑设备

一些陕北近代建筑采用了供暖、壁炉、供电等设备,如中央医院的手术室采用壁炉采暖,并设置洗手室,中央党校礼堂、陕甘宁大礼堂均采用地暖供热,红楼出现壁炉供暖。总体来讲,陕北近代建筑技术的材料、结构、设备的发展较为缓慢。

### 6.4.4 建筑管理

#### 1. 建筑设计队伍

陕北近代时期,随着西方文化的导入及红色文化的影响,出现了中西合璧风格的建筑,如教堂、工业建筑、办公建筑、医院建筑、教育建筑等新兴类型建筑。新功能、新材料及新结构的需求,使得传统的工匠必须适应新的需求,近代时期的设计师应运而生。陕北近代的建筑活动主体分为以下几类:传统工匠、外国传教士、中国共产党营造群体和近代建筑师。

陕北近代的设计队伍有以下特征。首先,传统工匠有较强的本土化特征。工匠的技艺来源于建造实践,采用模式化的营造方式,受传统建筑模式的束缚,使得所建建筑带有质朴风格,导致陕北近代建筑的中庸性、非典型性。其次,外国传教士具有极强的西化特征。外国传教士从本国带来图纸或凭其原始记忆,采用西式的营造方式,形成与乡土建筑迥然不同的西式风格,导致陕北近代建筑的异质化和典型性。再次,中国共产党的建设有极强的中西杂糅的矛盾性,由杨作才、毛之工、钟敬之、伍积禅等设计,中共自卫军、三五九旅、各机关单位及当地工匠进行建设。一方面,设计作品的结构和造型具有西式的功能性和先进性的特征,另一方面,又具有极强的本土性和传统性的特征。陕北近代建筑在多种因素的刺激下,虽然有了近代化的趋势,但随着陕北战略地位的降低,社会经济各方面的衰退,与国内其他城市的近代建筑有较大的差距。

**2. 建筑施工队伍**

参与陕北近代建筑的施工队伍主要有以下几类:

一类是地方工匠。传统的工匠为木匠和泥瓦工人,师徒传承,在劳动实践中总结经验,无设计图纸,施工技术包括土、木、瓦、石等,施工工具简单,施工方法为手砌、撅挖、锤夯、人扛等人力操作,无固定施工队伍。

一类是中国共产党的施工队伍,由三五营等营房建带领官兵及当地工匠进行建设。采用自制的施工设备,有初步的设计图纸及固定施工的官兵队伍。施工材料主要为砖、石及木,施工工具根据力学原理自制,采用复式滑轮车、木质的施工脚手架,规定了统一的建筑尺寸,1 尺为 12.5 吋(1 英寸 = 12 吋 ≈ 2.54 厘米),建设了行政办公、医院、学校等类型建筑,同时与兵工厂、农具厂等相关单位协作,专业化施工较之前有一定程度的提高。

# 6.5 小 结

首先,在前两章的基础上,梳理了陕北近代建筑文化三个时期的建筑风格特征:在西方文化强行导入时期的"西式建筑风格",延续一元的特征;在传统文化、地域乡土文化传承发展时期的"传统建筑风格"和"地域乡土建筑风格",呈现二元并存的特征;在红色文化的近代化探索时期的"中西合璧建筑风格",呈现多元波荡特征。

其次,从建筑空间形态、空间体量及空间模式特征对陕北近代建筑进行剖析,总结出陕北近代建筑的空间演变特征。建筑空间形态的平面布局上,在长方形的基础上形成正方形、"凸"型、"凹"型及复合形体,平面功能日趋复杂及多样化;建筑空间体量上,利用墙的水平隔断及楼梯的垂直联系,建筑空间趋向多元化;建筑空间模式上,从传统乡土的空间模式渐变为集中式的布局模式。

第三,在建筑造型上,从建筑屋顶、建筑立面、建筑门窗及建筑其他部位造型特征入手,总结出陕北近代建筑造型特征的演变规律。一方面是传统乡土的建筑造型表现出"西化"的趋势,另一方面是外来的西式建筑造型与传统乡土的建筑造型之间的交叉融合,最终形成兼具传统、乡土、西式的中西合璧式建筑造型特征。

第四,在建筑技术上,通过对建筑材料、建筑结构、建筑设备、建筑施工技术进行分析,总结出陕北近代建筑技术演变特征。首先是建造技术日趋进步,屋顶结构采用三角形屋架及木桁架、平屋顶与坡屋顶组合,墙体结构采用砖混结构。其次是建筑技术进步的不平衡。建筑技术发展速度快的主要是行政办公、医院等类型的建筑,这些建筑只是近代建筑的一部分,而民居等建筑仍在传统乡土建筑的基础上发展,建筑技术扩展广度及深度较为有限。

# 7 陕北近代建筑演变路径、特征及动因

## 7.1 陕北近代建筑演变路径

陕北近代建筑嬗变的路径基本沿着三个路径发展。一是外来西方文化的导入移植。二是传统及乡土的渐变演进,并在旧有的基础上改造、演进;引入新的建筑类型及建筑风格。三是红色文化的推动,发展各类建筑类型、建筑结构及建筑风格。总体呈现出突变到渐变再到突变的特点。

### 7.1.1 西方文化的导入

近代时期,伴随着基督教传入,西方的外来文化对陕北近代建筑产生冲击与推动,呈现出自上而下、西方文化主动侵入陕北,陕北近代建筑被动融入的特点。西方传教士传播教义、修建教堂及教会学校,新的建筑类型、结构方式和建筑风格出现,这些承载西方文化的建筑实体,以一种强行植入的状态刺激传统文化及地域乡土文化的建筑形式,逐步寻求中西文化的融合。

### 7.1.2 民间文化的渐变

陕北民间文化主要指传统及地域乡土文化。近代时期,民间文化对西方文化和"近代性"的认识是自下而上,从简单到复杂,从外到内的过程,表现出由表及里、逐步渐变的特点。民间逐步出现新的空间形态、建筑结构及建筑造型,这些建筑实体变化,是民间根深蒂固的思想意识逐步发展的动态过程,表现出渐变的发展特征。

### 7.1.3 红色文化的探索

陕北近代后期,中共中央在陕北成立陕甘宁边区政府。在陕北近代史上,第一次由政府主导、自上而下推行建筑的近代化,表现出建筑向近代化转型的突变特征。红色文化对建筑功能性、实用性及简洁造型大胆运用,这些建筑代表向近代化转型的重要趋势,虽然受到建筑规模、建筑材料及建筑技术的限制,但这些建筑突显出极强的近代化特征。

总之,陕北近代初期,西方文化的强行植入使建筑形态出现中西二元化的特征。随着红色文化在陕北的生根,陕北近代建筑形态呈现多元化的特征,出现新的建筑类型、建筑结构及建筑风格。通过陕北近代建筑文化嬗变的路径可以看到:首先,陕北建筑文化的嬗变表现出自上而下的转变特征,从基督教建筑的发展,到陕甘宁边区政府在陕北建造各类型建筑,如行政办公建筑、文教医疗建筑、工业建筑、商业建筑等,均呈现出自上而下的发展特点。其次,陕北近代建筑呈现出"非典型性"的演变特征,因其近代演变路径以"自下而上"的演变方式起始,发展速度缓慢,发展规模较小。当近代建筑以"自上而下"的演变方式进行时,恰逢政治、社会、经济

的各种障碍,导致陕北近代建筑演变呈现"非典型性",表现出陕北近代建筑发展的滞后。

# 7.2　陕北近代建筑演变特征

### 7.2.1　由一元特征向多元特征演变

陕北近代建筑演变总体表现由一元向多元的演变特征。在西方文化进入陕北之前,陕北主要以传统或地域乡土的建筑形态为主,总体以三合院、四合院或窑洞为主,建筑形式单一,建筑造型程式化,这一时期建筑为原有的建筑体系,在建筑文化上表现出一元特征。

随着西方文化强行侵入陕北,陕北的近代建筑出现西式的建筑风格,如"罗马式""哥特式"的教堂建筑,这一时期建筑发展以中国传统及地域乡土特色的建筑文化为主体,同时具备西式的外来文化建筑,呈现出根植于传统及地域乡土文化与西式文化的二元并存特征。

近代战时中共中央进入陕北,陕北近代出现了多种建筑类型,如行政办公建筑、工业建筑、文教医疗建筑、纪念性建筑等,建筑形态逐步多元并存,呈现出传统及地域乡土、西式、中西合璧的多元并存的建筑形态特征。

### 7.2.2　由封闭特征向开放特征演变

陕北近代建筑具有由封闭向开放的演变特征,具体表现在建筑空间和建筑造型方面。

在建筑空间上,传统特色的陕北建筑以合院空间为主,地域乡土特色的陕北建筑以窑洞院落为主,在此基础上纵向串联或横向并联形成多进院落,这些院落空间形成内向开放、外向封闭的格局。随着中共中央进驻陕北,建筑类型多样化,建筑功能复杂化,出现了适应时代需求的集中式空间模式,注重建筑空间水平方向及垂直方向的过渡流通,同时出现了外廊、阳台、台地、屋顶露台的半开放空间,这些空间形态具备多样、外向、开放的特点。

在建筑造型上,传统特色的陕北建筑在合院的建筑外墙不开窗或少开窗,地域乡土特色的陕北窑洞四合院,仅在窑脸处设门连窗,其余部位极少开窗。随着时代发展,建筑立面开窗面积根据功能、采光、通风要求逐步增大,注重建筑立面造型的虚实对比,并通过阳台、外廊、侧高窗及天窗增加同室内外的空间对话。这些建筑处理反映了近代建筑走向开放的特征。

### 7.2.3　由个体化特征向社会化特征演变

陕北近代建筑发展反映由血缘、地缘向社会化演变的特征。近代建筑的演变与社会发展是密切相关的。传统建筑通常以血缘家族为模式单元,表现出内向的个体化属性。地域乡土建筑通常以地缘区域为模式单元,表现出内向的集体化属性。随着时代发展,表现出与社会化密切联系的关系,建筑类型丰富多样,公共建筑的数量、规模逐步扩大,建筑功能趋向复杂,建筑风格中西合璧,建筑结构自由灵活,建筑的公共性及社会性增强,从家庭个体化到区域集体化,逐步演变为地区社会化的特点。

总之,陕北近代建筑的演变特征是由于以下原因:首先,与近代建筑结构方式的变革有关,传统木构架结构发展为砖木结构体系,屋顶结构与墙身结构的分离,使得建筑结构日趋灵活,为多元化、开放性的建筑特征提供条件。其次,新的建筑材料及建筑设备出现,如玻璃、机制砖、铸铁窗棂、卫生设备、供暖设备等,对近代建筑发展起了良好的推动作用。另外,专业的设计者的出现,使建筑建造从经验、感性发展到科学、理性的建设。

# 7.3 陕北近代建筑演变动因

陕北近代时期因独特的自然地理、文化、社会政治及经济条件,导致近代建筑特征的差异。陕北近代建筑肇始于政治战争因素,近代后期又因红色政治因素为主导,因此陕北近代建筑演变动因是错综复杂的,不同历史阶段占不同的主导因素。

## 7.3.1 社会的变动和发展

### 1. 政治因素

中国近代社会总体呈现动荡的局势,近代初期随着封建社会的瓦解,西方势力的侵略,中国社会形态变为半殖民地半封建社会。清末政府内部革新,太平天国运动,1912 年中华民国成立,直至南京国民政府时期,陕北由于特殊的黄土沟壑地理环境及农牧并举的经济地理环境,闭关自守,受外界影响较少。政治因素对陕北近代建筑的第一次影响,是清末产生的基督教建筑。传教士在陕北建造西式风格浓郁的教堂建筑,促使陕北近代建筑被动发展。

1935 年中共中央进入陕北,并在延安成立陕甘宁边区政府。由此陕北近代建筑步入快速发展时期。尤其是 1937—1945 年是陕北近代建筑发展的高潮时期。到 1947 年中共中央离开陕北,陕北的近代建筑发展开始走向衰退。

### 2. 战争因素

近代中国是一个战争多发的时代,在战时背景下,掌握武力,就能获得政治权利和经济资源,才能发展工业、教育及医疗等实业。从 1840 年鸦片战争开始,西方统治者以武力强行侵入中国,传教士进入中国传教并修建教堂、教会学校及住所,为西式文化进入提供条件。

1935 年中共中央进入陕北,1937 年陕甘宁边区政府在延安成立,进入长达 12 年的政权稳定时期。为巩固中国共产党的军事力量及发展革命根据地,发展军事工业、商业,积极建设行政办公、文教医疗等类型建筑,陕北近代建筑在此期间出现发展高潮。1947 年中共中央离开陕北后,陕北近代建筑逐步萎缩。

### 3. 交通因素

交通运输是近代商业、工业发展的基本条件之一,清末陕北陆路主要为陕北的延安以南与关中的商路、陕北以北榆林与神木的商路、陕北东部与相邻陕西的商路及陕北腹地安边与靖边的商路,这些使得陕北的产业结构发生一定变化,同时加强了与关中、内蒙古及山西东部的联系,逐步出现近代的商铺、典当、票号及旅店。

1935 年中共中央进入陕北之后,为发展商贸修建延安通向北部、东部及南部的公路,加强与西安、山西及内蒙古的联系,陕北有了以延安为核心的近代公路交通网的雏形,为陕北近代工业体系初步建成起到重要的作用。

交通的通达与商业及工业发展息息相关。交通促进产业结构和经济结构的调整,加速陕北近代社会、经济、文化及建筑的发展,对陕北近代建筑工业类型、商业类型等建筑的产生和发展有重要的影响。

### 7.3.2 文化的碰撞和融合

陕北文化形态的多元化和包容性为近代建筑的产生和发展奠定基础。陕北地区是一个典型的多层次生态过渡区,过渡及融合的区域特征形成了陕北粗犷又见细腻生动的陕北文化,具有一定的开放融合性。这种开放包容的文化,为陕北近代建筑的多样性提供了条件。

推动陕北近代建筑产生并发展,来自于外来文化的侵入和影响。鸦片战争后,基督教作为外来文化侵入陕北地区,与当地文化碰撞,抛开西方文化侵略的目的,西方文化的到来对陕北近代文化的发展起到推动作用,出现近代建筑类型中的教堂建筑、教会学校及诊所。在建筑结构、施工技术、建筑设计等方面都对陕北传统的木结构体系和地域乡土的窑洞建筑带来冲击。

近代时期,红色文化进入陕北地区,刺激并促进陕北近代建筑的发展,随着红色政区的巩固,出现多种建筑类型如工业、商业、办公行政、文教医疗等,建筑样式多样,建筑风格呈现中西合璧多元化的特征。如陕甘宁边区礼堂、杨家岭大礼堂、杨家岭中共中央办公厅、中共管理局干休所、中国医科大学旧址等。

陕北近代建筑演变过程体现文化选择的矛盾性,最终形成折中的中西合璧的建筑结构。西方文化是陕北近代建筑发展的导火索,红色文化是陕北近代建筑发展的强行针,因此文化的冲击、发展和融合是陕北近代建筑产生和发展的根源。

### 7.3.3 人的思想和行为转变

建筑自出现以来,离不开人的主观能动性改造。近代中国处于思想变革激烈的时期,清末洋务运动开始,陕北当地有识之士及乡绅逐渐接受新的思想,思想改变反映在建筑建造方面,建筑形态表现出包容性、开放性[①]。如建筑民居中将传统木结构体系与当地窑洞拱形结构结合,出现少量二层建筑。

随着西方文化的进入,中西文化碰撞及交融,人的心理及思想表现出从抵触到借鉴的过程,尤其是当地匠人开始模仿西式造型,如以神木北街 3 号院、榆林八狮上巷 36 号、米脂东街小学为代表的仿西式建筑。由于思想意识的变化,在建造行动上出现了不同风格的陕北近代建筑。

随着红色文化在陕北扎根,新思想及新文化逐步深入,人们的思想逐步解放,建筑设计者及营造者有意识地学习西方建筑科学的实用性及科学性,出现了一批中西合璧建筑。如陕甘宁大礼堂、杨家岭大礼堂及绥德中山堂等。

# 7.4 小 结

本章对陕北近代建筑的演变特征、演变路径进行分析,总结了陕北近代建筑的演变动因。

陕北近代建筑形态演变具有三个特征。首先,建筑形态由单一走向多元,使得陕北近代呈现出传统及地域、西式、中西合璧的多元并存的建筑形态。其次,陕北近代建筑在建筑空间、建筑造型上都呈现出由封闭走向开放的特征。再次,陕北近代建筑表现出由血缘、地缘向社会化演变,由家庭个体化到社会化转变的特征。

---

① 王昕.江苏近代建筑文化研究[D].南京:东南大学,2006.

　　陕北近代建筑呈现出以下几种演变路径。一是在传统建筑及地域乡土建筑的基础上,呈现出自下而上、逐步渐变的本土化演进。二是随着西式建筑突变植入,表现出自上而下、二元并存的突变演进。三是红色文化的持续导入,由政府主导的自上而下的突变演进。由于陕北近代建筑演进路径呈现出"非典型性",因此陕北近代建筑发展较其他地区滞后。

　　陕北近代建筑发展演变的动因,受到政治、战争、交通、文化及人的思想行为等众多因素的影响,这些动因在不同历史阶段由不同的影响因素占主导地位。总体来讲,政治、战争、交通是陕北近代建筑产生和发展的直接动因,文化是建筑发展的推动力,人的思想及行为转变是陕北近代建筑发展的催化剂。

# 8  陕北近代建筑后续研究

## 8.1  研究结论

陕北近代建筑的发展历程与陕北近代的政治、战争、地理、经济及文化发展密切相关,在陕北特殊的地理、文化及历史进程影响下,形成并演变的陕北近代建筑,具有特殊的历史价值和重要的研究意义。本书主要工作及获得的研究结果包括以下几方面:

(1)通过对陕北近代建筑文史、档案及基础数据的挖掘研究,得到陕北近代建筑发展演变基线和背景动因;通过组建研究团队进行实际调研及测绘,分析了陕北近代建筑的建筑风格、空间特征、造型特征及技术特征,总结了陕北近代建筑的分析统计结果。

(2)通过对历史文献和陕北现存的近代建筑实例的分析研究,发现陕北近代的建筑类型构成变化明显,是陕北近代建筑演变的显著特点。传统的一些建筑类型逐渐减少或消失,如戏楼、书院、祠堂。近代初期,逐渐出现外来的基督教建筑。随着 1935 年中共中央驻扎陕北后,出现工业建筑、行政办公建筑、文教医疗建筑、商业建筑、纪念性建筑、名人旧居等,拓展了陕北近代建筑的功能和类型。

(3)通过提炼总结陕北建筑在近代时期的"基本模型",解析了其在三方面的具体内涵:建筑形态的"四种风格",建筑平面的"五种空间模式",建筑造型的"折中"处理手法,以及在建筑结构及建筑材料上表现出来的地域化与先进性共存的特点。

(4)通过分析总结陕北近代建筑的演变路径及特征,得到了其在总体呈现出突变到渐变再到突变的特点以及在进程中相互作用的三要素:一是外来西方文化的移植,引入新的建筑类型及建筑风格;二是传统及乡土的发展演进,在旧有的基础上改造、演进;三是红色文化的推动,发展各类建筑类型、建筑结构及建筑风格。

(5)本书归纳出陕北近代建筑文化发展演变特征:由多元性向多元共存演变,由封闭性向开放性演变,由个体化向社会化演进。陕北近代建筑的演变特征结构为探索战时地域特色的中小城市建筑在近代时期的肇始、定性与演变提供了一种思路。

## 8.2  困难挑战

(1)对陕北近代建筑进行研究,涉及内容较多、资料繁杂,对材料的取舍以及对近代建筑代表性实例的样本选择和取舍,难免会有偏颇,有待于新的史料补充和完善。

(2)由于时间限制和内容限定,本书内容偏重于对陕北近代建筑的发展历史、建筑类型、建筑特征的物质本体研究,对陕北近代时期的地域文化、生活风俗、历史人物、历史事件等非物质文化未进行进一步的探讨。

（3）本书对陕北近代建筑研究侧重建筑本体，对建筑与周围环境、城市空间关系可进行进一步的探讨。

## 8.3　后续研究

（1）对陕北近代建筑的遗产保护、修缮、开发利用进行研究，确立陕北近代建筑保护范围，避免对现有陕北近代建筑的破坏，保证陕北地区建筑文脉的完整性。

（2）对陕北近代建筑的研究拓展到对陕北近现代转型时期、现代建筑转型时期的研究，从建筑传承来看，通过持续的动态研究，更能完整地把握陕北建筑特征及演变过程，将陕北地区作为战时内陆地区近代建筑的代表类型。

# 后　记

　　陕北近代建筑研究以特殊自然生态、历史文化及社会经济要素共同作用下的陕北地区的近代建筑为研究对象，对陕北地区的近代建筑进行较全面的调研，对其建筑空间、典型实例、建筑特点进行调查数据统计及分析，为陕北地区近代建筑保护提供坚实的基础资料。

　　在本书的写作过程中，西安建筑科技大学的杨豪中教授、王军教授、王树声教授对选题的范围、内容与结构提出了许多有益的建议。在调研过程中，陕北各地区政府、文物局和当地百姓给予很大帮助。感谢同我一起调研的我的学生们，你们朴实细致、吃苦耐劳，协助我获得大量有价值的资料与数据。

　　在本书成稿之际，深刻地感到研究仍有不完善之处，我将继续陕北近代建筑的研究与保护工作。衷心希望在今后工作中得到前辈及同行的支持，并热切盼望更多的人关注陕北地区的近代建筑文化遗产研究及保护工作。

王　莉

2015 年 6 月 18 日

# 附　录

## 附录一　陕北近代建筑发展重要历史纪年

1840 年(道光二十年)

　　6 月,鸦片战争爆发。

1841 年(道光二十一年)

　　延安地区创建笔峰书院。

1858 年(咸丰八年)

　　靖边宁条梁地区设立厘金局卡。

1865 年(同治四年)

　　靖边宁条梁建造小桥畔天主教堂。

1903 年(光绪二十九年)

　　榆阳书院改建为中学堂。

1906 年(光绪三十二年)

　　延安地区始设邮寄代办所,为陕北最早邮政机构。

1907 年(光绪三十三年)

　　陕北延长竣工投产“延一井”。

1908 年(光绪三十四年)

　　官方派练习生吴源澧、舒承熙、杨宜鸿赴日本越后油厂学习。

1909 年(宣统元年)

　　英国浸礼会在绥德设立基督新教福音堂。

　　西班牙传教士易兴华将天主教传入延安。

　　修建佳县谭家坪天主教堂,1912 年竣工。

1910 年(宣统二年)

　　外商在定边县开设洋行,经营皮毛业务。

　　延安知府赵乃普在和鸣书院建立中等农业学堂。

1913 年(民国二年)

　　陕北县立榆林中学建立,是当时陕北唯一一所中学。

1921 年(民国十年)

　　井岳秀出资创办惠记工厂(地毯厂)。

　　榆林成立基督教公理会,同时成立教会学校。

1922 年(民国十一年)

修建榆林基督教福音堂。

1924 年(民国十三年)

在肤施(延安)创办第四中学。

1925 年(民国十四年)

榆林、绥德创办平民学校。

留法学生创办绥德职业学校和实习工厂。

井岳秀创办修械所(炮厂)。

1926 年(民国十五年)

修械所用蒸汽机带动 110 伏、9.5 千瓦直流发电机发电,榆林首次用上电灯。

1929 年(民国十八年)

设立职中实习工厂,并陆续从平津等地购回一批机器,成为榆林较早的机械操作工厂。

1931 年(民国二十年)

延安桥儿沟天主教堂始建,1934 年竣工。

延安甘谷驿天主教堂始建,1934 年竣工。

1933 年(民国二十二年)

南京卫生署创建榆林卫生院。

1935 年(民国二十四年)

西北红军军政干部学校在延川县永坪镇成立。

10 月,中共中央和毛泽东率领的中央红军长征到达吴起县。

1936 年(民国二十五年)

7 月,中共中央机关进驻志丹县。

1937 年(民国二十六年)

中国工农红军大学改名为中国人民抗日军政大学,校址由志丹县迁至延安。

成立榆林边商同业会。

中央印刷厂迁至延安清凉山。

新华书店迁至延安清凉山。

1938 年(民国二十七年)

鲁迅艺术文学院在延安成立。

5 月,延安马列学院成立。

5 月,陕甘宁边区通讯站成立。

9 月 29 日—11 月 6 日,中共中央在延安桥儿沟举行扩大的六届六中全会。

陕甘宁边区机器厂迁至安塞县茶坊村。

1939 年(民国二十八年)

中共中央在延安召开生产动员大会。

陕甘宁边区政府举办第一届工业品展览会。

安塞县冯家墕成立陕甘宁边区保健药社(第一个中医机构)。

修建刘志丹陵园。

修建中央医院。

　　11 月,修建的裴庄水利工程完工,渠长 6 千米,可浇地 1 500 亩。

　　修建延安南区合作社。

1940 年(民国二十九年)

　　修建自然科学院。

　　八路军医科大学迁至延安。

　　陕甘宁边区儿童保育院迁至延安。

　　修械所迁至佳县牸牛沟。

　　修建陕甘宁边区银行。

1941 年(民国三十年)

　　陕甘宁边区银行发行边币。

　　359 旅开进南泥湾,开展大生产运动。

　　中共中央将陕北公学、中国女子大学、泽东青年干部学校合并为延安大学。

　　成立陕甘宁边区民族学院。

　　修建陕甘宁边区参议会大礼堂。

　　修建杨家岭中央办公厅。

1942 年(民国三十一年)

　　修建杨家岭中央大礼堂。

　　修建中共中央西北局会议室。

　　马占山修建府谷哈镇忠烈祠。

1943 年(民国三十二年)

　　修建枣园书记处小礼堂。

　　修建枣园中央办公厅。

　　修建枣园总参作战室。

　　修建王家坪军委礼堂。

　　修建中共中央党校。

　　修建白求恩和平医院。

　　修建南泥湾陶宝峪中共中央管理局干休所。

　　修建晋绥军区后方医院烈士纪念塔。

　　修建刘志丹陵园。

1944 年(民国三十三年)

　　修建八路军炮兵学校。

　　马占山在府谷修建忠烈祠和抗日阵亡将士纪念塔。

1945 年(民国三十四年)

　　修建贺家川镇抗战八年殉国烈士纪念塔。

1946 年(民国三十五年)

　　修建神木沙峁乡王桑塔纪念烈士纪念塔。

　　修建谢子长陵园。

1947 年(民国三十三年)

　　3 月 18 日,毛泽东、周恩来率中央机关撤离延安,转战陕北,驻延安各机关、学校也全部转移。

　　1949 年

　　　修建黄龙瓦子街烈士纪念碑。

# 附录二　陕北近代主要建筑名录

| 编号 | 建筑名称 | 建筑时间 | 建造功能 | 地址 |
|---|---|---|---|---|
| 1 | 延安桥儿沟天主堂 | 1931 | 宗教 | 延安桥儿沟 |
| 2 | 延安甘谷驿天主堂 | 1931 | 宗教 | 延安甘谷驿粮站 |
| 3 | 佳县谭家坪天主堂 | 1909 | 宗教 | 佳县峪口乡谭家坪 |
| 4 | 府谷麻镇李宅 | 民国时期 | 宅第 | 府谷麻镇 |
| 5 | 八狮上巷 36 号宅 | 民国时期 | 宅第 | 八狮上巷 36 号 |
| 6 | 芝圃中巷 2 号宅 | 1922 | 宅第 | 芝圃中巷 2 号 |
| 7 | 米脂冯氏店铺 | 民国时期 | 商业 | 米脂小巷子西口 |
| 8 | 米脂东街小学 | 民国时期 | 教育 | 米脂东街 |
| 9 | 杨家岭中央大礼堂 | 1942 | 办公 | 延安杨家岭 |
| 10 | 杨家岭中共办公厅 | 1941 | 办公 | 延安杨家岭 |
| 11 | 陕甘宁边区参议会大礼堂 | 1941 | 办公 | 延安城区南关 |
| 12 | 枣园书记处小礼堂 | 1943 | 办公 | 延安枣园 |
| 13 | 枣园中央办公厅 | 1943 | 办公 | 延安枣园 |
| 14 | 枣园总参作战室 | 1943 | 办公 | 延安枣园 |
| 15 | 枣园机要室 | 1943 | 办公 | 延安枣园 |
| 16 | 王家坪军委礼堂 | 1943 | 办公 | 延安王家坪 |
| 17 | 中共中央西北局会议室 | 1942 | 办公 | 延安城南 |
| 18 | 八路军医科大学 | 1940 | 医疗 | 延安柳树店 |
| 19 | 八路军炮兵学校 | 1944 | 教育 | 延安南泥湾陶宝峪村 |
| 20 | 中共中央党校礼堂 | 1943 | 教育 | 延安北关 |
| 21 | 陕甘宁边区保育院 | 1940 | 教育 | 延安河庄坪白家沟 |
| 22 | 陕甘宁自然科学院 | 1940 | 科研 | 桥儿沟马家湾 |
| 23 | 秀芳图书馆 | 1943 | 教育 | 府谷县哈镇哈拉寨 |
| 24 | 中央医院 | 1939 | 医疗 | 延安李家圪 |
| 25 | 白求恩和平医院 | 1943 | 医疗 | 刘万家沟 |
| 26 | 中共中央管理局干休所 | 1943 | 疗养 | 延安南泥湾陶宝峪 |
| 27 | 晋绥军区后方医院烈士碑 | 1943 | 纪念性 | 神木贺家川镇 |

续 表

| 编号 | 建筑名称 | 建筑时间 | 建造功能 | 地址 |
|---|---|---|---|---|
| 28 | 抗战八年殉国烈士纪念塔 | 1945 | 纪念性 | 神木贺家川镇彩林村 |
| 29 | 沙峁纪念革命烈士塔 | 1946 | 纪念性 | 神木沙峁乡王桑塔村 |
| 30 | 黄龙瓦子街烈士墓冢 | 1949 | 纪念性 | 黄龙瓦子街 |
| 31 | 忠烈祠 | 1942 | 纪念性 | 府谷哈镇 |
| 32 | 刘志丹陵园 | 1943 | 纪念性 | 志丹县 |
| 33 | 谢子长陵园 | 1946 | 纪念性 | 子长县城 |
| 34 | 定边烈士陵园 | 1945 | 纪念性 | 定边县城 |
| 35 | 米脂杨家沟毛泽东、周恩来旧居 | 1947 | 名人旧居 | 米脂县杨家沟 |
| 36 | 志丹名人旧居 | 1936 | 名人旧居 | 志丹县城 |
| 37 | 凤凰山麓名人旧居 | 1937 | 名人旧居 | 延安凤凰山麓 |
| 38 | 枣园毛泽东旧居 | 1943 | 名人旧居 | 延安枣园 |
| 39 | 陕甘宁边区机器厂 | 1938 | 工业 | 安塞县茶坊村 |
| 40 | 佳县牸牛沟修械厂 | 1940 | 工业 | 佳县牸牛沟 |
| 41 | 佳县木头峪纺织厂 | 1942 | 工业 | 佳县木头峪 |
| 42 | 延一井 | 1907 | 工业 | 延长县城 |
| 43 | 八路军制药厂 | 1942 | 工业 | 延安姚店镇 |
| 44 | 子长印刷厂 | 1946 | 工业 | 子长冯家岔 |
| 44 | 延安中央印刷厂 | 1947 | 工业 | 延安清凉山 |
| 45 | 延安南区合作社 | 1939 | 商业 | 延安柳林区 |
| 46 | 陕甘宁边区银行 | 1940 | 金融 | 延安南关市场沟 |
| 47 | 新华书店 | 1937 | 商业 | 延安清凉山 |
| 48 | 中山礼堂 | | | 绥德后疏圪崂 |

# 参考文献

[1] 张复合.中国近代建筑史研究与近代建筑遗产保护[J].哈尔滨工业大学学报:社会科学版,2008(2):12-14.

[2] 胡瑞琴,俞祖华.近代中国社会转型问题研究综述[J].青岛大学师范学院学报,2006(3):57-64.

[3] 延安市地方志编纂委员会.延安地区志[M].西安:西安出版社,2000.

[4] 刘佳.镇江近代建筑形态及其演变研究[D].无锡:江南大学,2012.

[5] 李慕寒,沈守兵.试论中国地域文化的地理特征[J].人文地理,1996,11(1):7-10.

[6] 史念海.论西北地区诸长城的分布及其历史军事地理(下篇)[J].中国历史地理论丛,1994(3):1-24.

[7] 陕西省地方志编纂委员会.陕西省志:黄土高原志[M].西安:陕西人民出版社,1995:132-168.

[8] 张萍.明清陕西商业地理研究[D].西安:陕西师范大学,2004.

[9] 杨虎城,邵力子.续修陕西通志稿[M].兰州:兰州古籍书店,1990.

[10] 杨绳信.清末陕甘概况[M].西安:三秦出版社,1997:194-198.

[11] 陕西省地方志编纂委员会.陕西省志:地质矿产志[M].西安:陕西人民出版社,1993:1-6.

[12] 刘蓉.陕北文化的分期及其基本特征[J].延安大学学报:社会科学版,2008,30(4):85-88.

[13] 马静,刘玉标.红色文化发展坐标系的构建[J].重庆社会科学,2012(1):105-108.

[14] 张萍.明清陕西商业地理研究[D].西安:陕西师范大学,2004.

[15] 陕西省地方志编纂委员会.陕西省志:行政建置志[M].西安:三秦出版社,1992.

[16] 陕西省地方志编纂委员会.陕西省志·大事记[M].西安:三秦出版社,2009.

[17] 霍雅琴.陕甘宁边区政府体制研究[D].西安:西北大学,2012.

[18] 黎兆辉.抗日战争时期陕甘宁边区的经济建设[J].梧州师专学报,1997(2):4-8.

[19] 王芳.历史文化视角下的内陆传统城市近现代建筑研究[D].西安:西安建筑科技大学,2011.

[20] 张彧.晚清圣母圣心会在西南蒙古教区传教述论[J].西北第二民族学院学报,2007(2):75.

[21] 古伟瀛.塞外传教史[M].台北:光启出版社,2002.

[22] 中华文化通志编委会编.基督教犹太教志[M].上海:上海人民出版社,1998.

［23］　佳县县志编纂委员会.佳县志［M］.西安:陕西旅游出版社,2008.

［24］　中共绥德县委史志编纂委员会.绥德县志［M］.西安:三秦出版社,2003.

［25］　赵玉华,刘凌霄.清末天主教和新教在华传教活动的异同［J］.山东大学学报,2003(1):13-14.

［26］　黄广生,吴方.基于GIS的陕北景观结构［J］.地球科学与环境学报,2006(3):107.

［27］　秦燕.近代陕北地区人口特点初探［J］.西北工业大学学报,2001(1):11-13..

［28］　刘安荣.基督教的传播与近代山西社会早期现代化［D］.太原:山西大学,2004.

［29］　张复合.中国近代建筑研究与保护(3)［M］.北京:清华大学出版社,2004.

［30］　中国社科院世界宗教研究所基督教研究室.基督教文化面面观［M］.济南:齐鲁书社,1991.

［31］　周庆华.基于生态观的陕北黄土高原城镇空间形态演化［J］.城市规划汇刊,2004(4).

［32］　延安市志编纂委员会.延安市志［M］.西安:陕西人民出版社,1994:555.

［33］　黎锦熙,余正东.洛川县志:第三册［M］.西安:泰华印刷厂,1944:126.

［34］　吕波.基督教与近代陕北［J］.社会延安大学学报:社会科学版,2008(3):95.

［35］　刘晓喆.清代陕西书院研究［D］.西安:西北大学,2008.

［36］　张惠民.陕西近代科技教育的萌芽和发展［J］.陕西师范大学学报:自然科学版,1988(4):68-69.

［37］　梁严冰.延长石油官厂成立述论［J］.石油大学学报,2001(1).

［38］　龙南阳.延长油矿史［J］.北京:石油工业出版社,1993.

［39］　陕西省地方志编纂委员会.陕西省志:石油化学工业志［M］.西安:陕西人民出版社,1991:28.

［40］　陇海铁路管理局.陕西实业考察:交通［M］.上海:上海汉文正楷印书局,1933:468-469.

［41］　神木县志编纂委员会.神木县志［M］.北京:经济日报出版社,1990:199.

［42］　榆林市志编纂委员会.榆林市志［M］.西安:三秦出版社,1996:303.

［43］　黎锦熙,余正东.洛川县志:第二册［M］.西安:泰华印刷厂,1944:27-39.

［44］　陕西清理财政局.陕西全省财政说明书·岁入部·厘金［M］.西安:陕西图书馆,1909.

［45］　贺文敏.延安三十到四十年代红色根据地建筑研究［M］.西安:西安建筑科技大学,2006:12.

［46］　赵振军,温瑞茂.中共中央在陕北［M］.北京:解放军出版社,1988.

［47］　国家文物局.中国文物地图集:陕西分册(下)［M］.西安:西安地图出版社,1998.

［48］　曲士培.抗日战争时期解放区高等教育［M］.北京:北京大学出版社,1985.

［49］　任力之.文化建筑的内涵与表达［M］.建筑技艺,2009(4):76-78.

［50］　刘玉龙.中国近现代医疗建筑的研究［D］.北京:清华大学,2006.

［51］　金星.延安有个中央医院［J］.中华魂,2010(3):42-44.

［52］　陈树.激情燃烧的岁月:红色年代的医院生活——延安中央医院的工作与生活轶事［J］.当代护士:综合版,2008(1):4-7.

［53］　东平,王凡.中共领袖与延安中央医院往事［J］.党史博览,2007(6):23.

［54］　谭垣,吕典雅,朱谋隆.纪念性建筑［M］.上海:上海科学技术出版社,1987:3-7.

[55]　陕甘宁边区抗日民主根据地西北五省区编纂领导小组.陕甘宁边区抗日民主根据地:文献卷.下[M].北京:中共党史资料出版社,1990:283.

[56]　武衡.抗日战争时期解放区科学技术发展史资料:第一辑[M].北京:中国学术出版社,1983.

[57]　阎庆生,黄正林.陕甘宁边区经济史研究[M].兰州:甘肃人民出版社,2002:90-100.

[58]　严艳.陕甘宁边区经济发展与产业布局研究(1937—1950)[D].西安:陕西师范大学,2005.

[59]　陕甘宁边区财政经济史编写组,陕西省档案馆.抗日战争时期陕甘宁边区财政经济史料摘编(第三编:工业交通)[M].西安:陕西人民出版社,1981.

[60]　武衡.抗日战争时期解放区科学技术发展史资料:第五辑[M].北京:中国学术出版社,1986.

[61]　王致中.抗日战争时期的西北城市工业[J].兰州学刊,1989(3):73-78.

[62]　张水良.抗日战争时期陕甘宁边区的公营工业[J].中国社会经济史研究,1988(4).

[63]　陈玉姣.抗战时期陇东分区的农村经济[J].开发研究,2000(3):63-65.

[64]　延长县地方志编纂委员会.延长县志[M].西安:陕西人民出版社,2001:212.

[65]　陕西省档案馆,陕西省社会科学院.陕甘宁边区政府文件选编:第十一辑[M].北京:档案出版社,1991:271.

[66]　梁严冰.20世纪50年代以来陕北经济变迁研究[D].西安:西北大学,2011.

[67]　武衡.抗日战争时期解放区科学技术发展史资料:第二辑[M].北京:中国学术出版社,1984.

[68]　南开大学历史系.中国抗日根据地史国际学术讨论会著作集[M].北京:中国档案出版社,1985:343-363.

[69]　陕甘宁边区财政经济史编写组,陕西省档案馆.抗日战争时期陕甘宁边区财政经济史料摘编(第四编:商业贸易)[M].西安:陕西人民出版社,1981:20.

[70]　陕甘宁边区财政经济史编写组,陕西省档案馆.抗日战争时期陕甘宁边区财政经济史料摘编(第七编:互助合作)[M].西安:陕西人民出版社,1981:138.

[71]　毛泽东.关于创建和发展供销社的文献选载(一九四二年十二月——一九六二年九月)[J].党的文献,1997(6):13-16.